浪花朵朵

出发吧！小诺的AI大冒险

智能小镇的密码

张立波　武延军　赵琛　著　郑颖芝　绘

U1058506

北京联合出版公司
Beijing United Publishing Co.,Ltd.

图书在版编目（CIP）数据

智能小镇的密码 / 张立波，武延军，赵琛著；郑颖芝绘 . -- 北京：北京联合出版公司，2025. 5. --（出发吧！小诺的 AI 大冒险）. -- ISBN 978-7-5596-8355-7

Ⅰ. TP3-49

中国国家版本馆 CIP 数据核字第 2025H24Y74 号

智能小镇的密码

著　　者：张立波　武延军　赵　琛
绘　　者：郑颖芝
出 品 人：赵红仕
选题策划：后浪出版公司
出版统筹：吴兴元
编辑统筹：郝明慧
特约编辑：潘　萌
责任编辑：杨　青
营销推广：ONEBOOK
装帧设计：墨白空间 · 黄海

北京联合出版公司出版
（北京市西城区德外大街 83 号楼 9 层　100088）
北京盛通印刷股份有限公司印刷　新华书店经销
字数 12.5 千字　787 毫米 ×1092 毫米　1/16　37.75 印张
2025 年 5 月第 1 版　2025 年 5 月第 1 次印刷
ISBN 978-7-5596-8355-7
印数：1-10000 册
定价：99.00 元（全 5 册）

目 录

引 言

当你仰望计算机时代的璀璨星河时，对那些闪耀着智慧的光点——人工智能、元宇宙、大数据、区块链，是否有过无尽的遐想与好奇？其实，这些看似遥远、复杂的科技概念，也可以变得生动有趣。这次，让我们跟随少年程诺的脚步，踏上寻找爷爷的奇妙旅程，一起解密充满神秘与惊喜的计算机世界吧！

故事的主人公程诺是一个单纯善良的少年，好奇心旺盛，热爱探索。在爷爷突然失踪后，他带着宠物猪布丁，勇敢地闯入了一个陌生而充满科技感的计算机世界。在这里，程诺不仅结识了神秘少女西娅和人工智能机器人“未来”，还在一段段精彩纷呈的冒险中，接触到了计算机科学领域的丰富知识，逐步揭开了计算机科学的神秘面纱——

小小的二维码竟像一个神奇的信息密盒，轻轻一扫，海量信息涌现出来；芯片制造则似一场微观世界中的精密艺术，每一步骤皆为人类智慧的璀璨结晶；计算机网络宛若一张无形的大网，将世界的每一个角落紧密相连；云计算则像一个超级大脑，在瞬息间处理着不计其数的数据……我们会和程诺一起，探索这些奇妙的知识，领略计算机世界的无限奥秘。

我们将看到程诺如何巧妙地利用这些计算机知识，一步步破解“暗”组织的谜团，最终找回失踪的爷爷和父母。这不仅是一场充满冒险与智慧的旅程，更是关于程诺成长与蜕变的故事。程诺从一个对科技懵懂的少年，逐步成长为一个稳重、聪明、懂得利用科技解决问题的未来之星。

本书将看似复杂枯燥的科学知识融入到生动有趣的漫画冒险故事中，活泼可爱的人物造型，以及色彩鲜艳明快的画面，令程诺与朋友们紧张刺激的冒险跃然纸上，令人沉浸其中。我们可以在阅读过程中，了解并掌握计算机的相关知识，每一个篇章，都是一次对知识详细的讲解。你会发现，计算机科学并不像它看起来那样神秘，它其实就在我们身边，无时无刻不在发挥重要作用，我们使用的每一部手机、每一台电脑，都离不开计算机科学的支持。

在未来的日子里，人工智能、机器人、虚拟现实、区块链等新兴科技会越来越多地融入到我们的生活中，我们衷心地希望，这本书能够激发你对计算机世界的兴趣。它是一把神奇的钥匙，将为你打开探索计算机世界的大门，让你提前感受到这些前沿技术的魅力，培养对科学无尽的好奇心。

那么，准备好了吗？让我们携手程诺、布丁以及他们的新朋友们，勇敢地推开计算机世界的大门，开启这场充满未知与惊喜的探险之旅吧！也许，在不久的将来，你也能成为改变世界的科技创新者，用智慧和勇气书写属于自己的冒险故事！

第一章　开篇

这里是欧姆村，是传奇大陆内一个有着悠久历史的平原乡村，盛产南瓜。这里的村民以务农为生，自给自足。
欧姆村

美丽的环境让这里的人们拥有开阔的心境。欧姆村的生活十分惬意，村民们也极为友善。大家互帮互助，日子过得简单又充实。不管外面的世界如何变化，这里的人们都保持着最朴素的生活方式，鲜少有人想出去看看。

因为地势平坦、日照充足，欧姆村拥有天然的太阳能、风能资源，建设了电力基地，向全国输送清洁电能。而这些用来发电的设施，世世代代都有人维护。

风力发电

风能是大自然中常见的可再生能源。

通过风车叶片的旋转，风力发电机能够巧妙地将风的动能转化为电能，存储在蓄电池中。

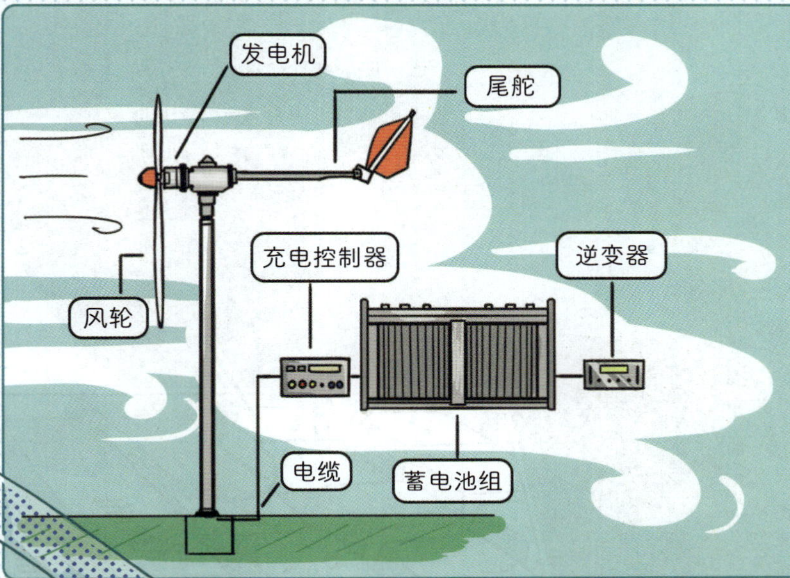

太阳能发电

太阳能是一种最原始的天然能源。

同样，我们也可以通过一些光伏组件将太阳能转化为电能。

除此之外，我们生活中常见的太阳能热水器还能将太阳能转化为热能。

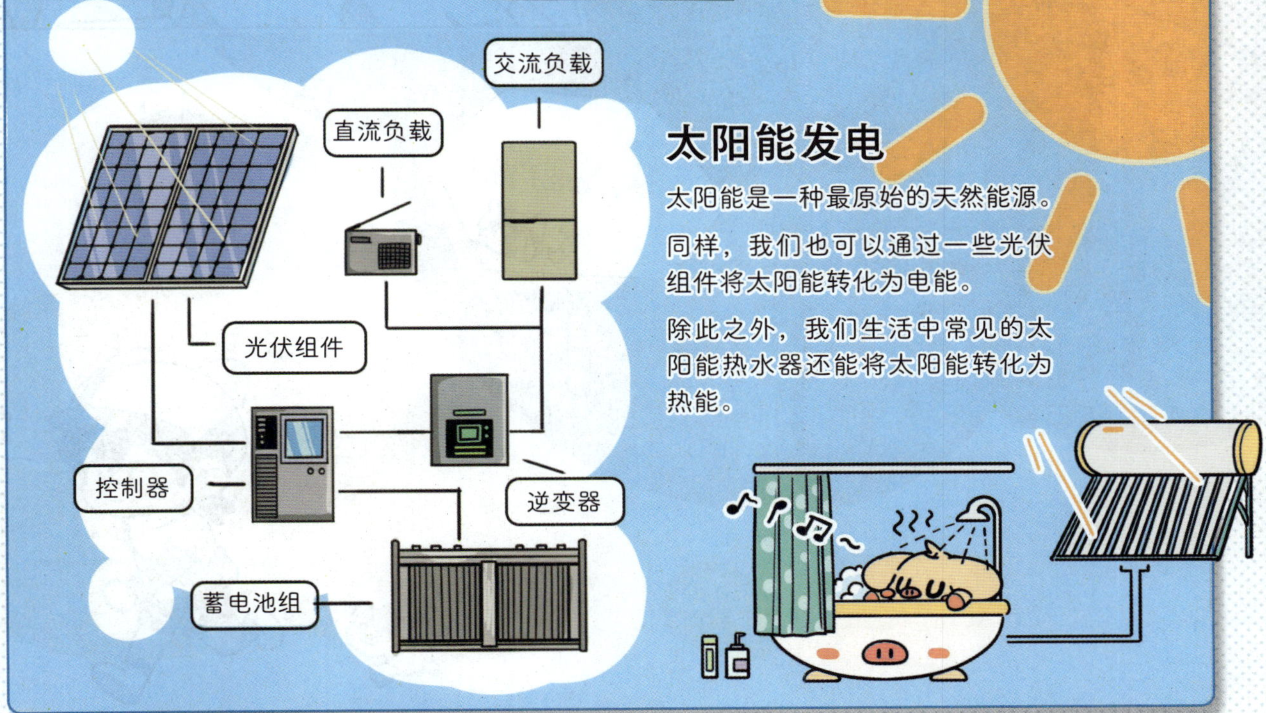

此时，程旭源家。
从某一代起，程家人来到了这里，负责电力设施的更新及维护。随着时间的推移，他们完全融入了这个村庄，程旭源就是程家这一代的负责人。
咔嗒
咔嗒
咔
Shift
Ctrl
爷爷，我出门啦！

① 洒星日：欧姆村的春日庆典。为庆祝雨水节气的到来，这一天，各家各户都会装点上水滴状的蓝灯。到了夜晚，大家相聚在村子中央，吃喝、唱跳，在发光的蓝气球上写下对新一年的祈愿，共同放飞。星星在天上组成银河，雨水在地上汇成河流。那一刻，天上地下，蓝色光点错落其间，像是漫步于宇宙之中。

② 萤火：指水滴状的灯。

布丁，等等我！
程诺
Information Card
生日：4月17日
年龄：10岁
血型：B型
身高：144cm
体重：35kg
昵称小诺。
程旭源的孙子，在欧姆村出生、长大。
单纯、善良，头脑灵活，
有着超强的学习能力和领悟能力。
性格直率，对事物充满热情，
精力充沛，热血过头，易冲动。

电桩

与发电设备连接的当地的蓄电装置，欧姆村内产生的电能会先充满当地的电桩，再向外传输。

电极

电极是各种电器装置及设备中，输入或者输出电流的两个端，一般分为正极和负极。
在电池中，一般正极为阴极，它获得电子，发生还原反应。

电子：参与反应的重要成员

负极则为阳极，失去电子，发生氧化反应。

我们在生活中使用电池时，一定要注意电极的位置有没有摆放正确，正负极接反了的话，有可能会损坏电器哦！

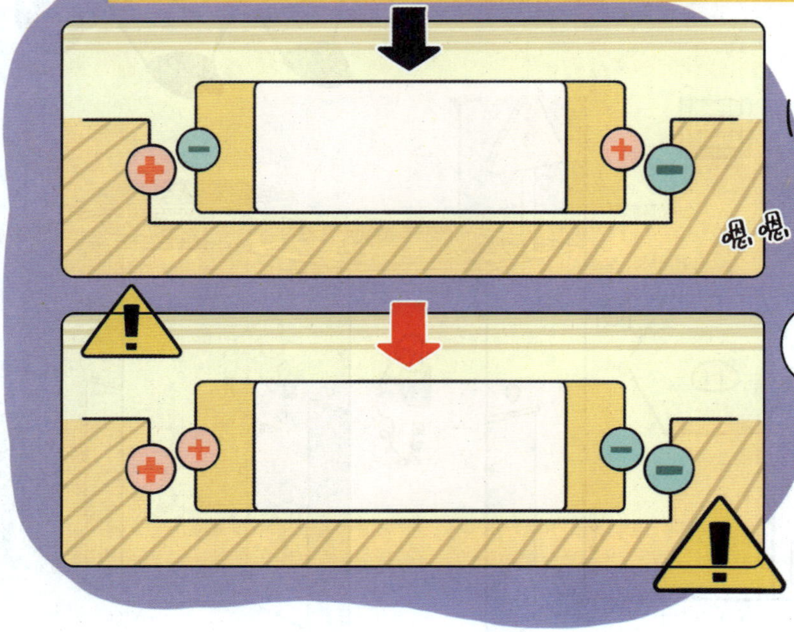

布丁的工作过程

布丁像电池一样，可以通过充电存储能量，通过放电释放能量。

输入的电能会被转化成一种独特的化学能量，储存在电池内部。

需要电力的时候，人们可以通过转换器将电池内的能量提取出来使用。

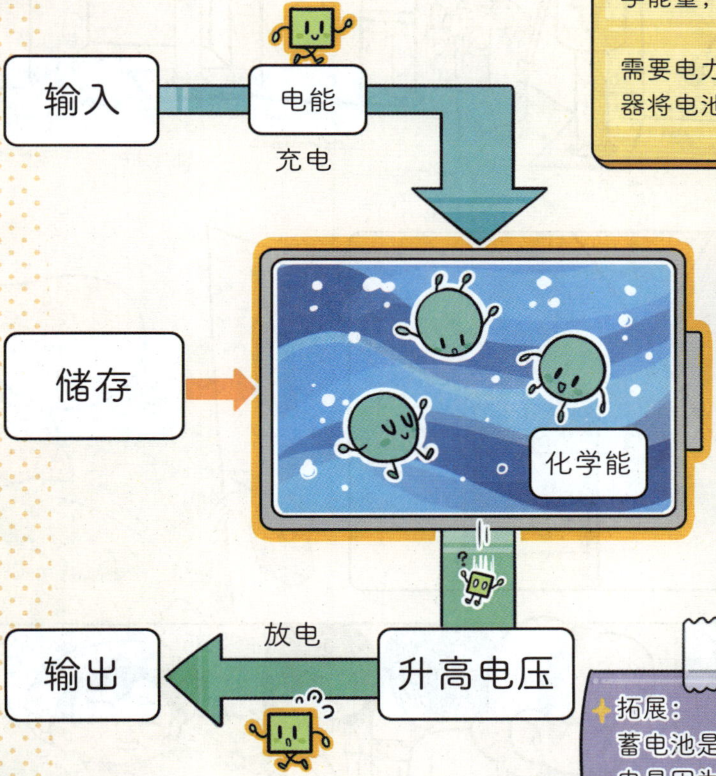

拓展：
蓄电池是一种电化学装置。它能够蓄电是因为内部含有一种特殊的化学物质，这种物质发生的化学反应能够将电能转化为化学能并储存起来。

在经过放电消耗后，电池中储存的能量电池可以通过充电恢复，电池又能重新放电，形成充放电循环。所以布丁可以重复工作很多次！

满电提示灯
电量指示面板
小猪取电舱
感应开关
充电面板
电桩总闸
ON
OFF
警报按钮
输电枪
汲电器
操作杆
主电桩
电瓶
太阳能面板
伸缩式天幕
（自动感应）
辅电桩
吱吱
叮！

电量已满！

谢谢布丁，你可帮大忙了！
萤火婆婆
在欧姆村里负责电力传输，取电、送电至各家各户。

提起
噔
呼呼
是小诺啊，
谢谢你哦。
萤火婆婆，今天一下子要装这么多
电瓶，是因为洒星日快到了吗？
?

对啊，之前装的不够用，今天再多装一点儿。
还好有大家来帮忙，我一个人肯定忙不过来。
对了小诺，今天是你的十岁生日吧？
嗯？
嘿咻
我早上做了蛋糕送到你家，你爷爷可能出去了，敲门没人应。
我把蛋糕放在门口的花架上了，你回去记得取一下。

啊，谢谢婆婆！
爷爷可能是去查看太阳能电池板了。
也许又进他的小房间写故事去了，最近他总这样。
阿洛！你来啦——
咚

① 西里肯村：生产、提炼晶体硅的村庄。

是啊，趁着你们过节，正好赶来凑凑热闹。
而且这小子今天十岁生日，我怎么能缺席呢。
时间过得真快啊，感觉昨天还光着屁股到处跑呢，一个没注意就长大了。
挣脱
快干活了！

ON
OFF
咔
我这边的活儿做得差不多了，你们赶紧去把东西送给老程吧。
还有好多没搬完呢。
没事，还有我们呢！
今天辛苦了，明天都来我家吃南瓜大餐。
噜?!

噜噜！噜噜噜噜！
放心，一定会有的。
噜——
蹭蹭 蹭蹭
布丁……

它说想吃南瓜布丁。
布丁最喜欢吃的东西我怎么会忘呢，会做好多好多的。
明天一定会有的！
你看，就说少不了你的。
那我们先走啦！
明天见。

阿洛，你这次带了多少材料呀？
最近的消耗比较大，不知道够不够用。

你放心，足够的。
还有……
满满当当

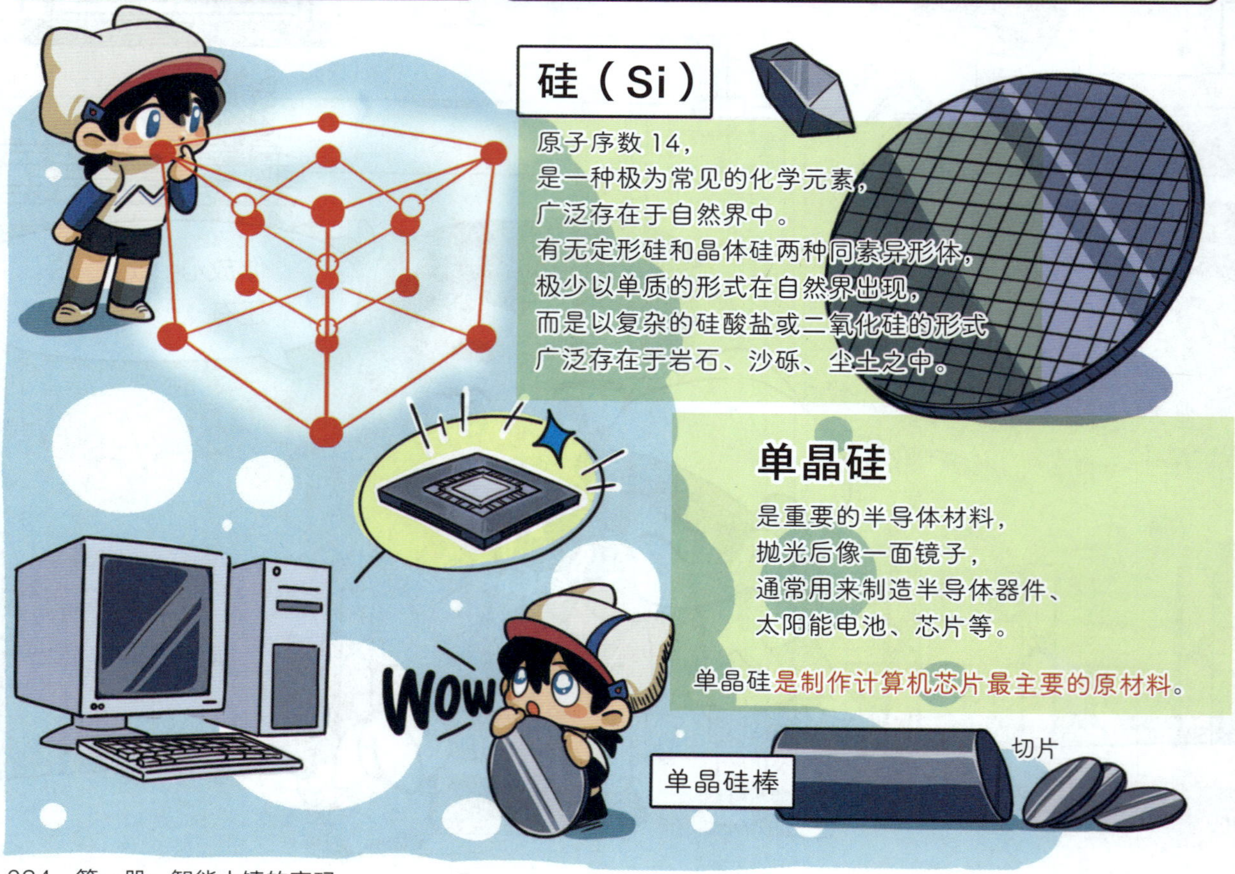

硅（Si）

原子序数 14，
是一种极为常见的化学元素，
广泛存在于自然界中。
有无定形硅和晶体硅两种同素异形体，
极少以单质的形式在自然界出现，
而是以复杂的硅酸盐或二氧化硅的形式
广泛存在于岩石、沙砾、尘土之中。

单晶硅

是重要的半导体材料，
抛光后像一面镜子，
通常用来制造半导体器件、
太阳能电池、芯片等。

单晶硅是制作计算机芯片最主要的原材料。

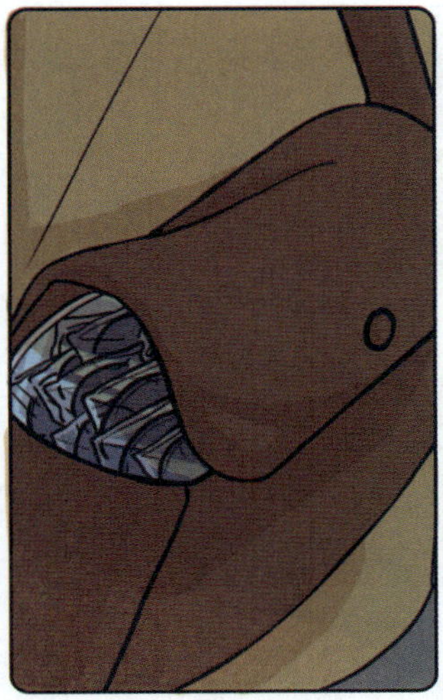

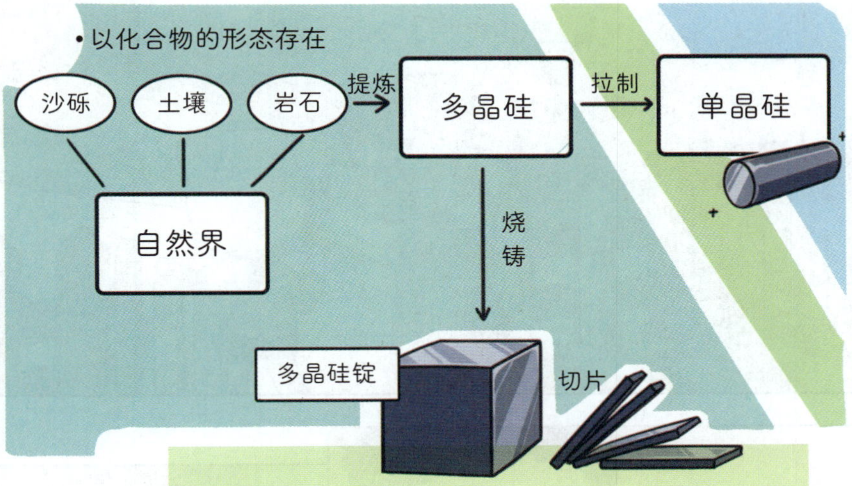

多晶硅

多个单晶硅可以组成多晶硅，当光照射在多晶硅上时，由于每个晶粒对光的反射角度有所不同，多晶硅表面会呈现出颗粒状。

多晶硅是电子工业中用于制造半导体收音机、录音机、电冰箱、彩电、录像机、电子计算机等物品的基础材料。多晶硅也是制作太阳能板的主要原料。多晶硅晶体的导电性远不如单晶硅强，甚至几乎没有导电性。

大家都关心着你呢，小诺。
嗯？
满满当当
哇！好多礼物！

嘿咻
等我一下，我去叫爷爷出来。
咦，门怎么开着？
咔
吱呀
这是？
怎么了？
啪

对了，爷爷房间的灯开着。
爷爷，你在里面吗？爷爷！
咚
咚
咚
我进来咯——
咔
爷爷？

是不是进强盗了？
应该不是。
吱
爷爷最常穿的几件衣服都不在了，像是他自己带走的。
不过这么多东西，他是怎么带走的？还有客厅……奇怪的地方太多了。
也许是——
打断
噜噜！噜噜噜噜！噜噜噜！
布丁好像发现什么了。
走，去看看。

嗒嗒
嗒嗒
嗒嗒
嗒嗒
布丁，怎么了？
噜噜！噜噜！
靠近
小诺，10岁生日快乐！
我做了你最爱的奶酪蛋糕，
祝你心想事成，平安顺遂。
布丁！现在不是吃
蛋糕的时候啦！

噜噜，噜噜噜！
咦，这是——
啪

给。
谢谢阿洛。我在元——
我在元宇宙等你
里面好像还有字。
展开
生日快乐，小诺。有一件非常紧急的事……
生日快乐，小诺。
有一件非常紧急的事需要我去元宇
宙一趟，短期内应该是回不来了。
来不及跟你说细节，这是我上个月
整理的笔记本，里面有你需要知道
的信息。
跟着它，来元宇宙找我。
跟着它，来元宇宙找我。

阿洛，你知道元宇宙是哪儿吗？
不太清楚欸。
咦
上面好像有地图。
认真翻看
啪
绕
绕
?!

等等！你要去哪儿？
去找爷爷啊。
拽
你回来！
哪有就这样出门的。
?
至少先把生日过了，
收拾些东西再走吧。
拍

Happy Birthday
垂落
也是哦。
呼

祝你生日快乐，
祝你生日快乐，
祝你生日快乐……
快许愿吧。
10

希望能一路顺利，快些找到爷爷。
希望我爱的人和爱我的人
都能够健康平安。
再许一个愿望给自己，
不要说出来。
希望我能快些长大，
变得更可靠。
好了！

呼

生日快乐！
噜噜噜噜！

咔
你的东西都带全了吧?
干粮、爷爷的笔记本、随身萤火、向日葵式户外充电桩、“薯条”……
还有什么来着?
吱嘎
叮
一会儿再看看还有什么遗漏的吧。
没问题。
真棒
咔啦
咔啦

晚上我再
检查一遍。
给。
好吃！
噜噜！
呼——

好饱——
啐啐
啐啐
啐啐
自动化厨房
咕唧
咔啦啦
咕唧
①
嗡
嗡
①
滴滴
滴
②
①多功能天顶机械臂：
机械臂是一种能够模仿人类手臂和手掌进行各种操作的复杂系统。
②机械餐柜：
自动接收和整理洗碗机传递过来的餐具，能够通过拉杆灵活取用餐具。
⑤自动洗碗机：
对餐具进行全自动清洗、烘干和消毒，最后送至机械餐柜②。
④地下传送带：
将桌面整理出的餐具、厨具传送至洗碗机⑤，并直接将大块的厨余垃圾输送到分解器转化成电能。
③智慧餐桌：
精准识别桌面物品，将位置信号传递给多功能天顶机械臂①，桌面上的洞口直达地下传送带。
③
④

给，
生日礼物。
谢谢阿洛！
这是……
这是一张权限卡，
你把它带在身上，
之后会用上的。
好。

今晚好好休息，明天
我跟你一起出发。
好。
早点睡，晚安。
晚安。
咔嗒

噜噜
噜噜
嗯——
布丁？
唰
噜噜！
天亮啦！
哗
啦
啦

准备好了吗？
噜噜！
好了！
那我们……
咔
吱嘎
出发吧！
向着元宇宙！
哐当

第二章　旅途

告别阿洛
独自继续出发

向日葵式
户外充电桩
全金属构造
异形太阳能面板
光源感应器
可折叠
充电面板

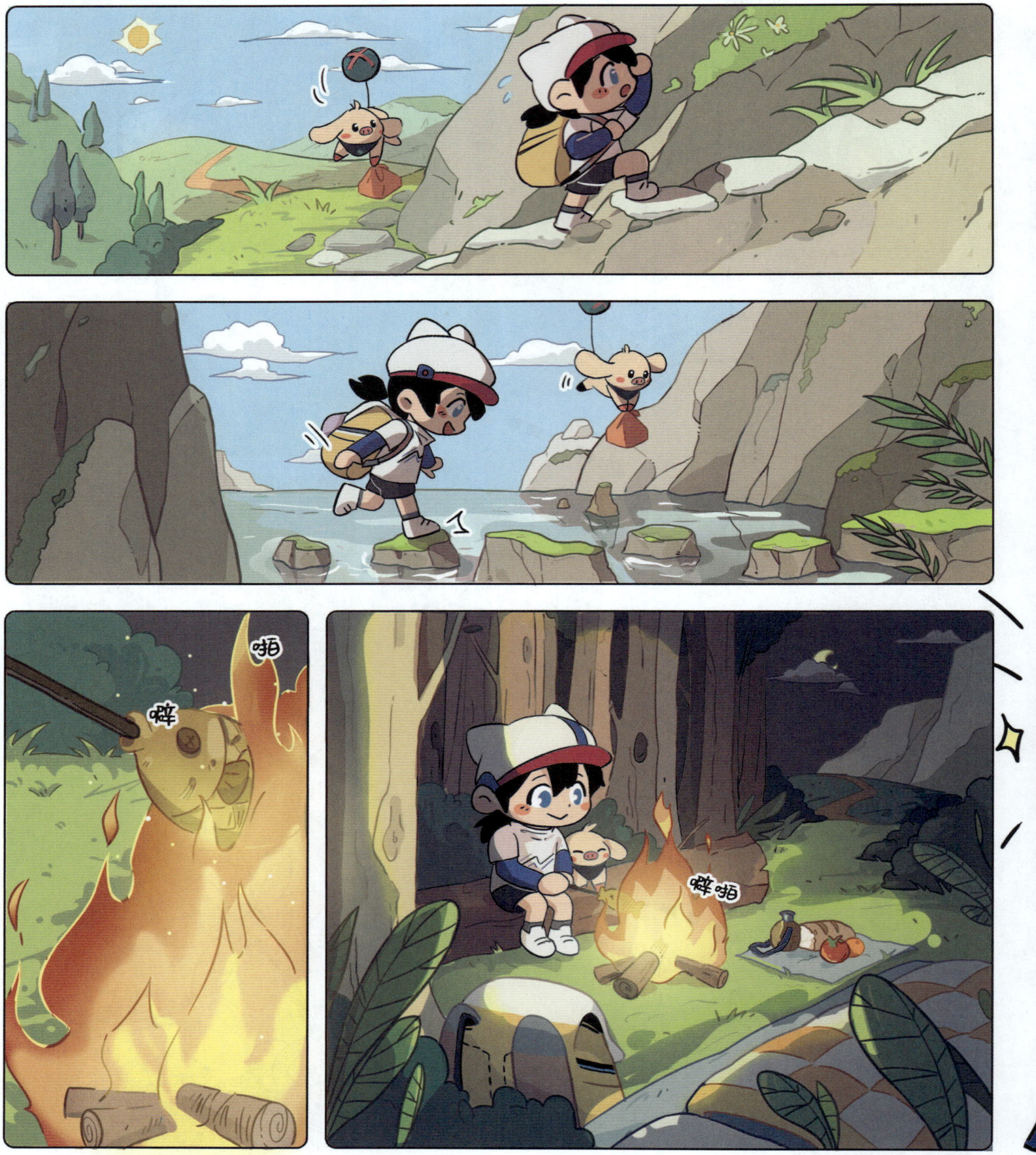
啪
噼
噼啪

啊
嗒
沙沙
沙沙

N
W
E
S

咕——咕——
咕——咕——
应该是就这儿了。
唰啦
空气中有股特别的气味。
吸
原来……
这就是大海吗？
哗
哗

【剧情需要，请勿模仿】

【剧情需要，请勿模仿】

噜。
是降落伞！
对了！我怎么给忘了。
啪
扑通

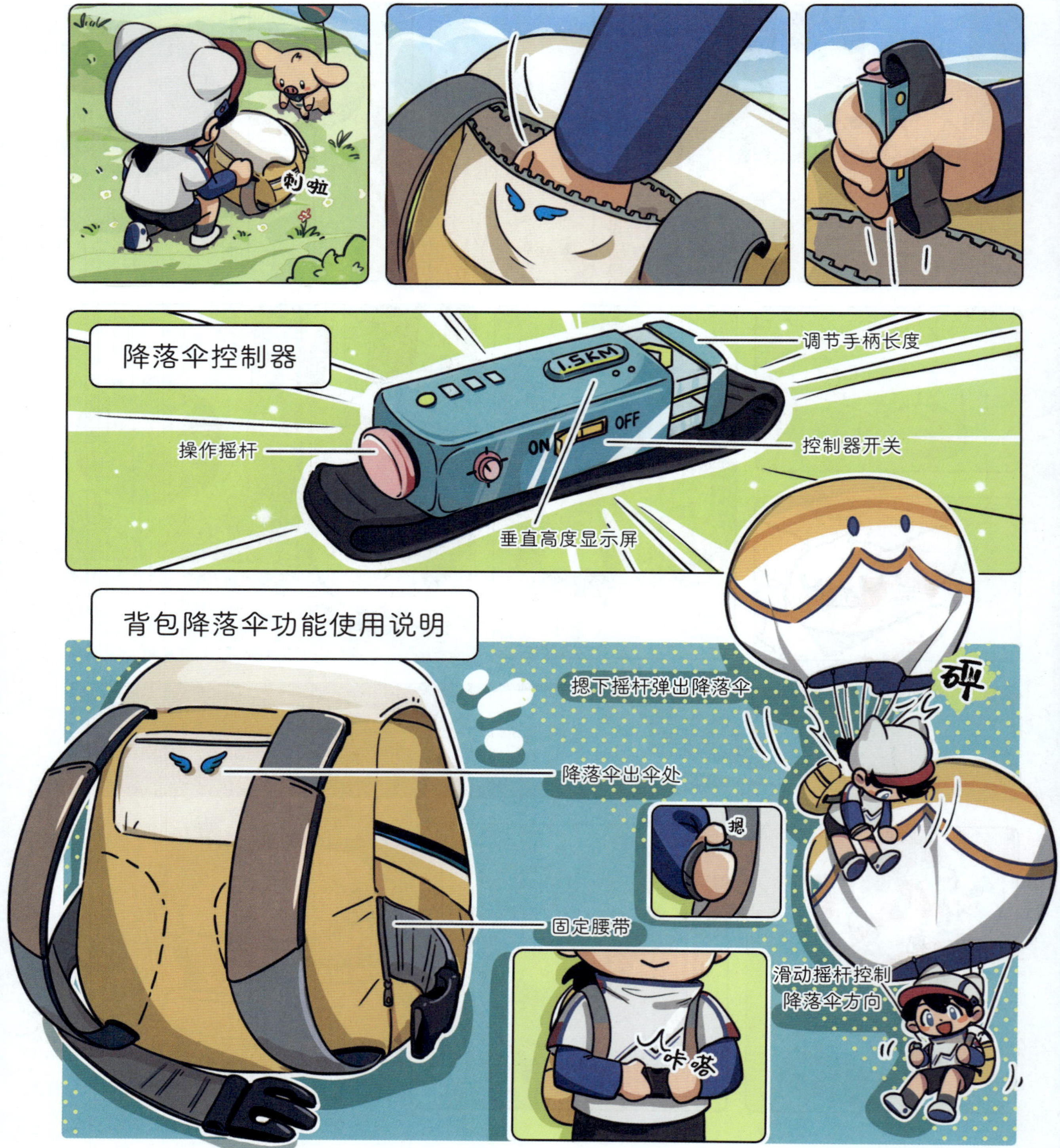
刺啦
降落伞控制器
1.5KM
调节手柄长度
OFF
ON
操作摇杆
控制器开关
垂直高度显示屏
背包降落伞功能使用说明
摁下摇杆弹出降落伞
砰
降落伞出伞处
摁
固定腰带
咔嗒
滑动摇杆控制
降落伞方向

好！
噜噜！
吧唧
嘿！
刷
【剧情需要，请勿模仿】

【剧情需要，请勿模仿】

呼哧
?!
啊啊啊啊啊啊啊！
噜噜噜噜噜！
咚
啪

唔……好痛……
布丁？
噜——
布丁你还好吗？
有没有受伤？
噜。
那就好。
看来，咱们是从那个洞口被吸进来的。
呼
呼
太奇怪了……
要不，我们进去看看？
噜。

啪嗒
啪嗒
叮
你省着点用，电量不多了。
噜。
背包发光功能说明
发光片
类似于汽车的自动感应大灯①。在连接电源的情况下，通过位于前方的光线传感器②感知环境光线的变化，自动开关并调节灯光亮度。
①
②
布丁可以通过这里将电量传输给背包带上的发光片。
内置光线传感器
亮
不过这个行为对电量的消耗比较大，所以一般不会让布丁这么做。

啪嗒
啪嗒
啊。
加快脚步
嗒
轰隆
入侵者，警告！
什么声音？
嗒嗒嗒嗒嗒嗒

哇
愣住
砰
啪
入侵者，警告！
你——
可恶。
新角色登场

盯
咔咔
游客你好，欢迎来到
人工智能小镇。
请出示通行证。

通行证?
?
噼啪、
砰
啪
哎!
三次认证失败,
请改日再来。

咔啦
咔啦
光芒渐弱
嘶——
你没事吧？
没事，谢谢。
刚刚它说的人工智能小镇是在那道门里面吗？
嗯……
你好！
我叫程诺。
你好……
我叫西娅。

西娅，
好特别的名字。
他叫布丁。
布丁？
我们是不小心被一阵风吸进来的，你呢？
我家人在人工智能小镇里面。
啊，是这样啊。其实我……
你先等等！
我有办法可以进去！

其实我爷爷可能也在里面，我就是按照他说的方式进来的。
通行证……通行证……
哗哗
有了！
看，
是不是这个？
唔，这个好像……
嗯？
奇怪，怎么脏了一块……
通行证：

噼
啪
掉落
啪
好烫
好烫
不管了，先试试吧。
站定
你好，游客，
请出示通行证。

是这个吗？
正在识别，请稍后……
哔
通行证：
身份核验通过，
欢迎来到人工智能小镇。
咔啦
嗡
愣着干什么，
快来呀！

啊？啊，好。
嗒嗒嗒
居然真的能用，太神奇了。

神奇的二维码
相信大家都认出来了，程诺所展示的通行证，其实就是二维码。
什么是二维码？
锵锵
二维码又称二维条码，是用某种特定的几何图形按一定规律在平面（二维方向上）排列的、黑白相间的图形。
是我！
在智能手机普及的时代，人们通过“扫二维码”来快速执行一些操作：连接网页、登录账号、收付款、进行身份证明……
已支付
叮！
已连接
身份码
那么，小小一个二维码是如何包含这么多信息的呢？
噜噜

二维码有三个定位点

图中圈出的这三个大方块用于定位。三个点可以完整地定位一个正方形平面，这样就能很容易地确定数据范围。在图案倾斜时，也能准确读取并识别。这三个点还可以判断读取顺序，帮助机器正确地解读信息。

二维码存储了计算机能够读取的二进制数据，这些信息在图上通过白色格子或黑色格子表示。

读取这些信息，就能知道二维码包含的内容了。

Q&A:
可是当时的通行证被弄脏了，污渍遮住了一部分格子，二维码还是被正确识别出来了，这是为什么呢？
那是因为二维码具有**容错性**！
二维码的容错性：
在二维码生成时，通过运算，在二维码中**存入多条相同的数据**。经过这个运算的步骤，生成的二维码**只要定位部分保持清晰**，在部分破损或者被遮挡的情况下仍然可以识别。
我们记录的数据是相同的！
即使我因为一些因素失效了……
我也可以代替它将消息传递出去！
我们平常使用的二维码生成软件也能达到 30% 的高容错率，所以如果二维码有一点破损，或被污渍挡住了一点，也是完全能够识别出来的！

第三章　人工智能小镇

呜哇——
对了，你刚刚说你的家人
也在小镇里面？
我们是一起来的，不小心走散了，
总之我得进去确认一下。
那你要不要和我们一起走？
好啊，我们一起
走吧。

好耶
哔哔！请尽快通过！
我们快走吧！
嘀嘀嘀！
相似度 95%
匹配成功
啊，终于来了。

哇哦！！
NEW

【剧情需要，请勿随意跟陌生人说话】

画面消失
不是不是，你别着急。
这一定就是布丁了吧？
一会儿先去我家，路上我慢慢跟你说。
唉——
噜——
小声
它比较怕生。
噜——
这样啊。
那这位是……
她是我的朋友，跟我一起来的。
了解了，那我们现在就走吧。

唰
哇哦——
你爷爷好像是有什么急事要处理，
信息里只说了让我来接你。
别的我也不太清楚，但我
一定会陪你一起去找他的。

啪
他可是一位超级优秀的计算机工程师，
给我修过好几次“bug”*呢！
我都没听说过……
看来爷爷还有好多事瞒着我呢。
*bug：
“bug”一词的原意是“臭虫”或“虫子”。现在，在电脑系统或程序中，隐藏着的一些未被发现的缺陷或问题，也被称为“bug”。
真希望快些见到他！
……

不过……
小镇这么大，该怎么找爷爷呢？
别担心。
拍
人工智能小镇是个高度发达的小镇，
几乎所有的高科技装置在这里都能见到。
还有很多像我一样的人工智能会来帮助你们。
而且小镇非常安全，
出入小镇都须持有通行证，
其他人进不来。

我懂了！
啪
爷爷说的那个元宇宙是不是就在这里？
没错。
通过互联网大厦就可以进入元宇宙。
大厦……
那……
互联网大厦在哪儿？
别急，我会带你去的。
唰
还需要做一些准备，
具体去我家里再讨论吧。

嗒
嗒
到了。
121001 号智能管家，未来，欢迎回家。
识别到三张陌生面孔，
是否需要驱逐？
嘀
嘀
嘀
不需要，他们是客人。
收到。
亲爱的朋友们，
欢迎来到智慧小屋！

砰
唰啦
沙沙
沙沙

人脸识别

随着人工智能的发展，“刷脸”变得越来越普遍了。
而“刷脸”的背后是一项新兴技术——人脸识别。

- 人脸识别是**基于人的脸部特征信息进行身份识别**的一种生物识别技术，它是用摄像机或摄像头采集含有人脸的图像或视频流，自动在图像中检测、跟踪人脸，进而对检测到的人脸进行脸部识别的一系列相关技术，通常也叫人像识别、面部识别。

步骤

①摄像头识别并采集人脸图像

②锁定人脸，描绘轮廓

③提取出人脸基础结构与局部特征

④机器用自己的语言将这些人脸信息转换成特征值

⑤将特征值与在数据库中的特征值进行匹配，从而识别出人脸对应的身份信息。

- 人脸识别技术搭建出了一套新型的身份识别系统，
- 这套识别系统大大增强了我们日常生活的便捷性。

应用

人脸与人体的其他生物特征（指纹、虹膜等）一样，是与生俱来的，它的唯一性和不易复制的良好特性为身份识别提供了必要的前提。

吱嘎
砰
门呢？

咔嗒咔嗒咔嗒
进来吧。
咔嗒咔嗒咔嗒

如果忽视没有门这一点的话，里面看起来倒和普通的屋子没有区别。
这里现在只有我一个人住，你们先坐一会儿。
嗡
咕嘟嘟
居然有这么大的窗户，外面完全看不出来。
你们应该饿了吧？我去准备点吃的。

13:15
咕
给。
我这里还有些吃的，你们先垫垫肚子。
一直没找到机会道谢，
谢谢你带我进来。
不客气，举手之劳而已。
咦？
居然是南瓜味的。
13:17

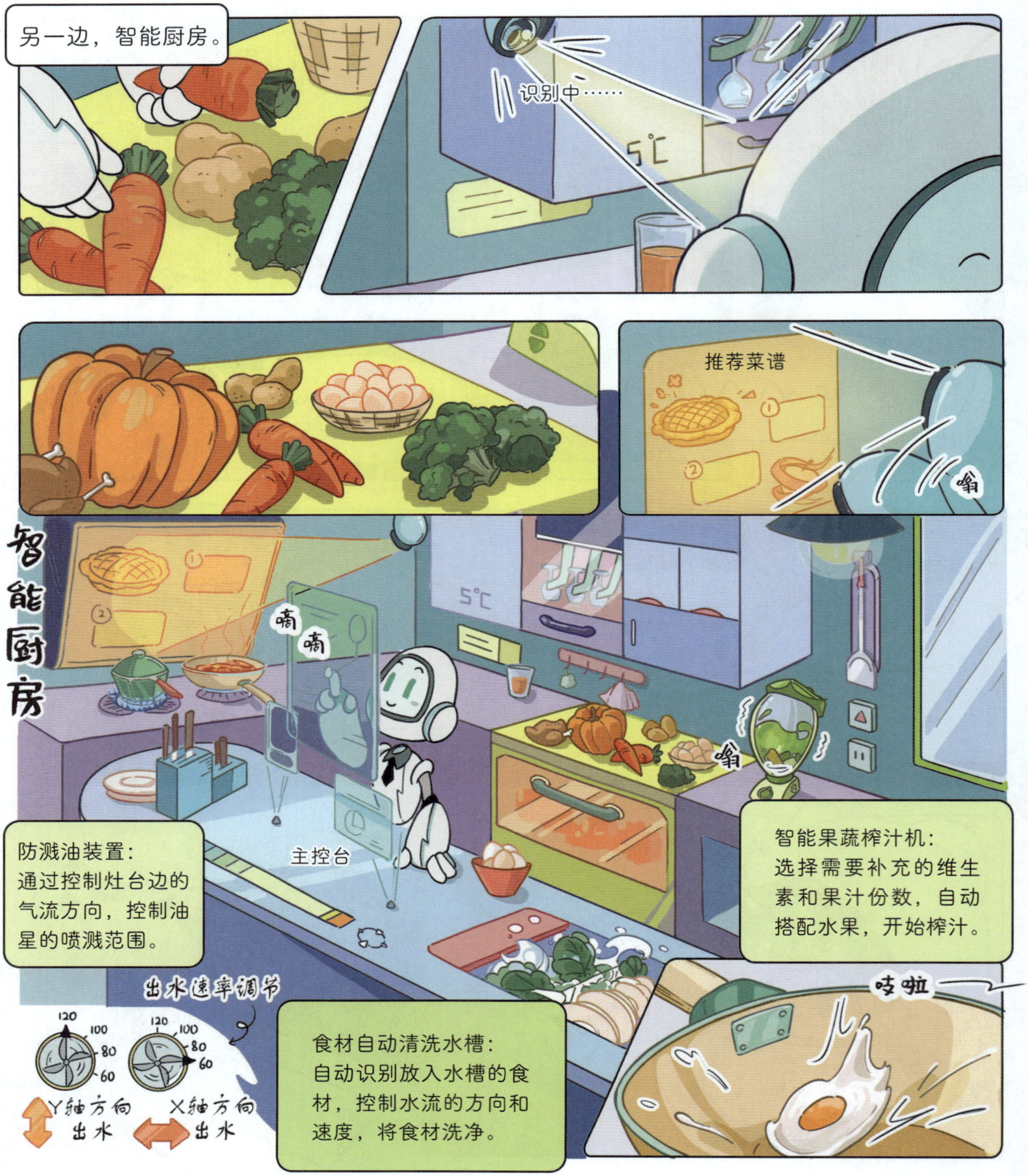
另一边，智能厨房。
识别中……
5℃
推荐菜谱
①
②
嗡
智能厨房
①
②
5℃
嘀
嘀
嗡
防溅油装置：
通过控制灶台边的气流方向，控制油星的喷溅范围。
主控台
智能果蔬榨汁机：
选择需要补充的维生素和果汁份数，自动搭配水果，开始榨汁。
出水速率调节
120
100
80
60
120
100
80
60
Y轴方向
出水
X轴方向
出水
食材自动清洗水槽：
自动识别放入水槽的食材，控制水流的方向和速度，将食材洗净。
吱啦

呜哇——好丰盛！
噜噜噜！
叮
噜——
谢谢，真好吃。

对了，
是不是进入互联网大厦
就能见到爷爷了？
理论上是，
不过我们得先去换米特。
米特？
那是什么？
人工智能小镇通用的
数字货币。
需要用它购买进入互
联网大厦的相关装备。

不过，购买装备只是第一步。
元宇宙很大，要找到你爷爷应该还要费一番功夫。
唔
也许，
我们可以问一下元宇宙的管理者？
这倒是个不错的主意。
嗯哼
就听你们的。
起身
我先带你们熟悉一下小镇吧。

需要先休息一会儿吗?
我去给你们准备房间。
不用啦，刚刚已经休息过了。
我也不用。
那我准备一下客房，然后我们马上出发。
咔啦
嗡嗡嗡
好耶!
准备两间客房。
收到。两间客房——
即将进入重组模式，请勿进入B区。

智能分区已启动，
开始重组。
吱
轰隆
轰隆
智慧小屋可根据需要自主变换形态
走吧。
来了！

人工智能小镇人口稀少，住户不到一万人，但是家家户户都配有智能管家机器人。
小镇居民多是一些有重大贡献的人，比如科学家、工程师、军人、艺术家、设计师，以及他们的家属。
小镇是秘密所在，对外来人口的管控十分严格。人们需要符合非常严苛的要求才能获得通行证。
这里的人们要么居家办公，要么去互联网大厦上班，日常的生活服务都由智能机器人提供。
这里的人们鲜少参与线下社交活动，常规的娱乐活动都能通过线上互动的方式在家中进行。

人工智能小镇

数字银行
DIGITAL BANK
500
人工智能小镇的通用货币是数字货币——米特，可以在数字银行进行兑换。
说是简单逛逛，然而小镇太大了……
小镇公用设施已全部自动化。
过马路感应平台

智能化城市基础设施

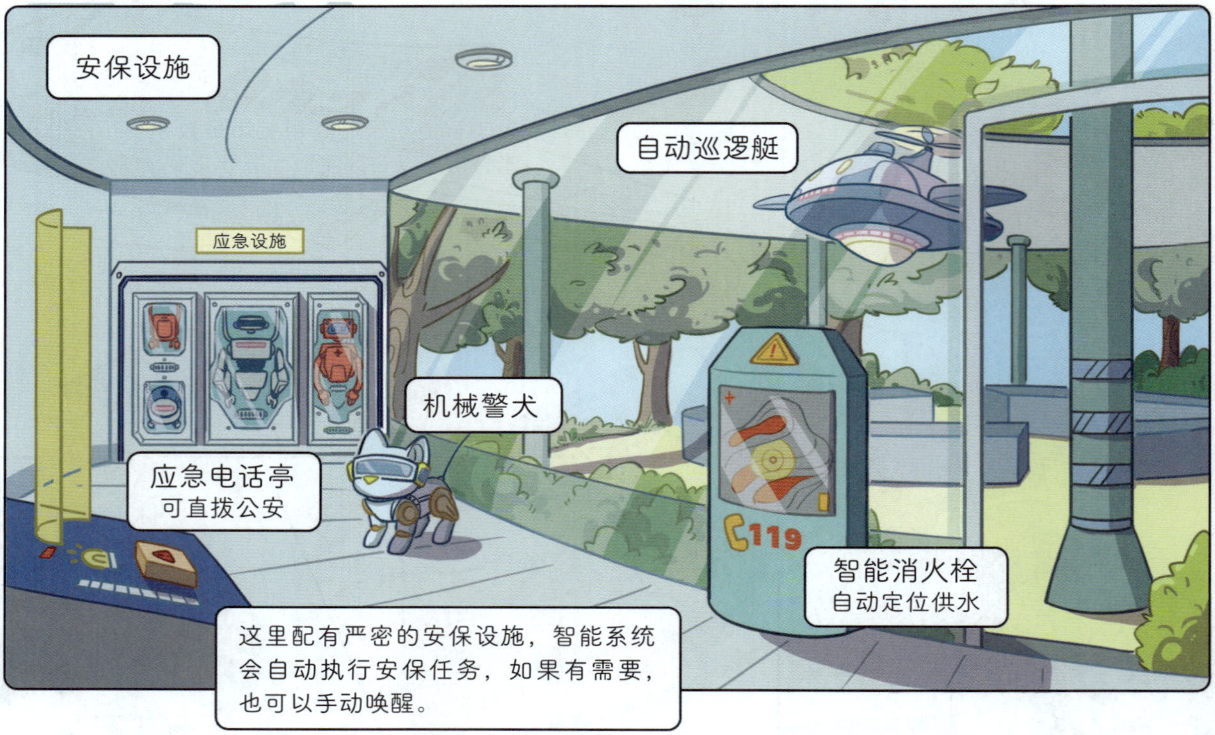

应用了仿生科技的机器人

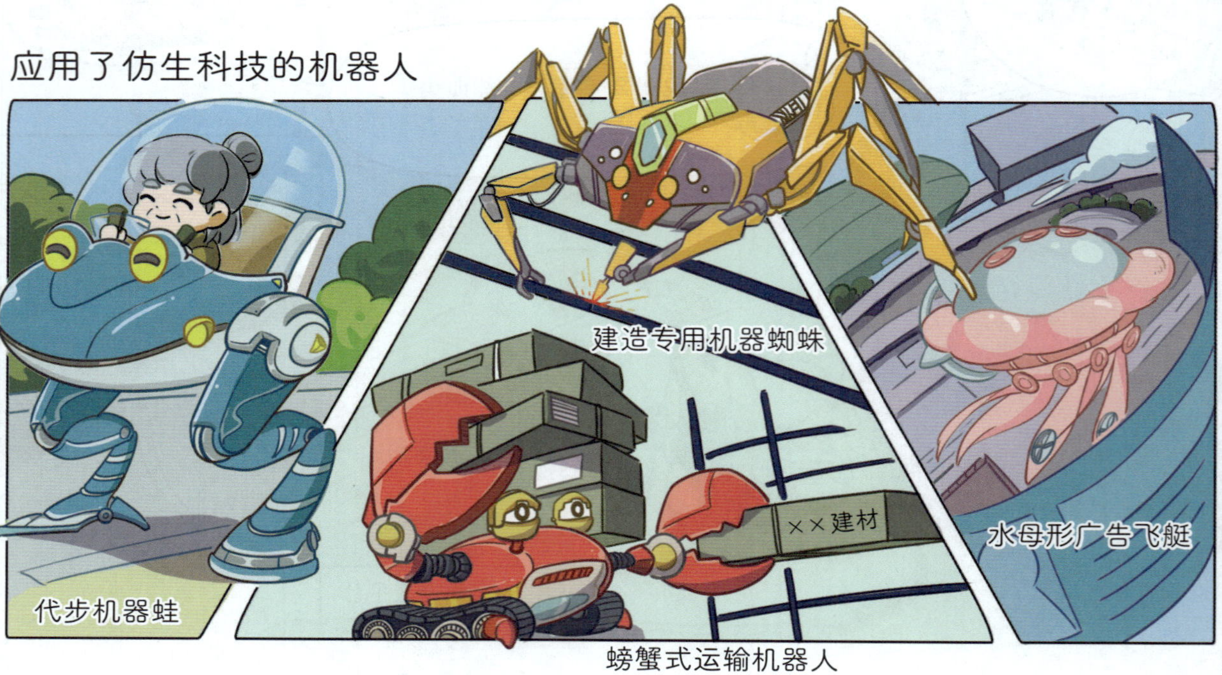

无人驾驶
80
95%
REC
无人机投快递
19
投递成功！
智能快递站
X7
扫描成功，请取件
18/30
TIME：11:45
内置气囊
防止磕碰
配送专车
03
无人车送外卖
1/5
小猪保温外卖车

这里就是换米特* 的地方了。
数字银行
啪嗒
啪嗒
这里是自助式银行，
我们跟着指示操作就好。
* 米特：
由国家发行的代替纸币的法定数字货币。

往这边走。
来啦！
米特兑换处
欢迎来到米特兑换处，
请选择您需要的服务。
1. 物品兑换
2. 现金兑换
3. 米特交易

你们带现金或是用来换米特的物品了吗？
南瓜派……
可以吗？
米特交易。
请选择交易方式。
1. 面对面转账
2. 远程转账
3. 米特存取
面对面转账。
请避让。
升起
嗡
嗡
嗡
嗡
嗡
嗡
咔

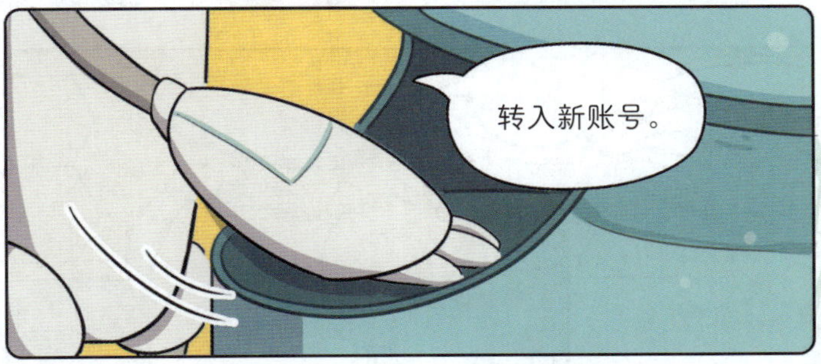

*** 电子钱包：**

电子钱包是电子商务购物活动中常用的支付工具。用户将电子货币，如电子现金、电子信用卡存放其中，以进行互联网端的线上交易活动。

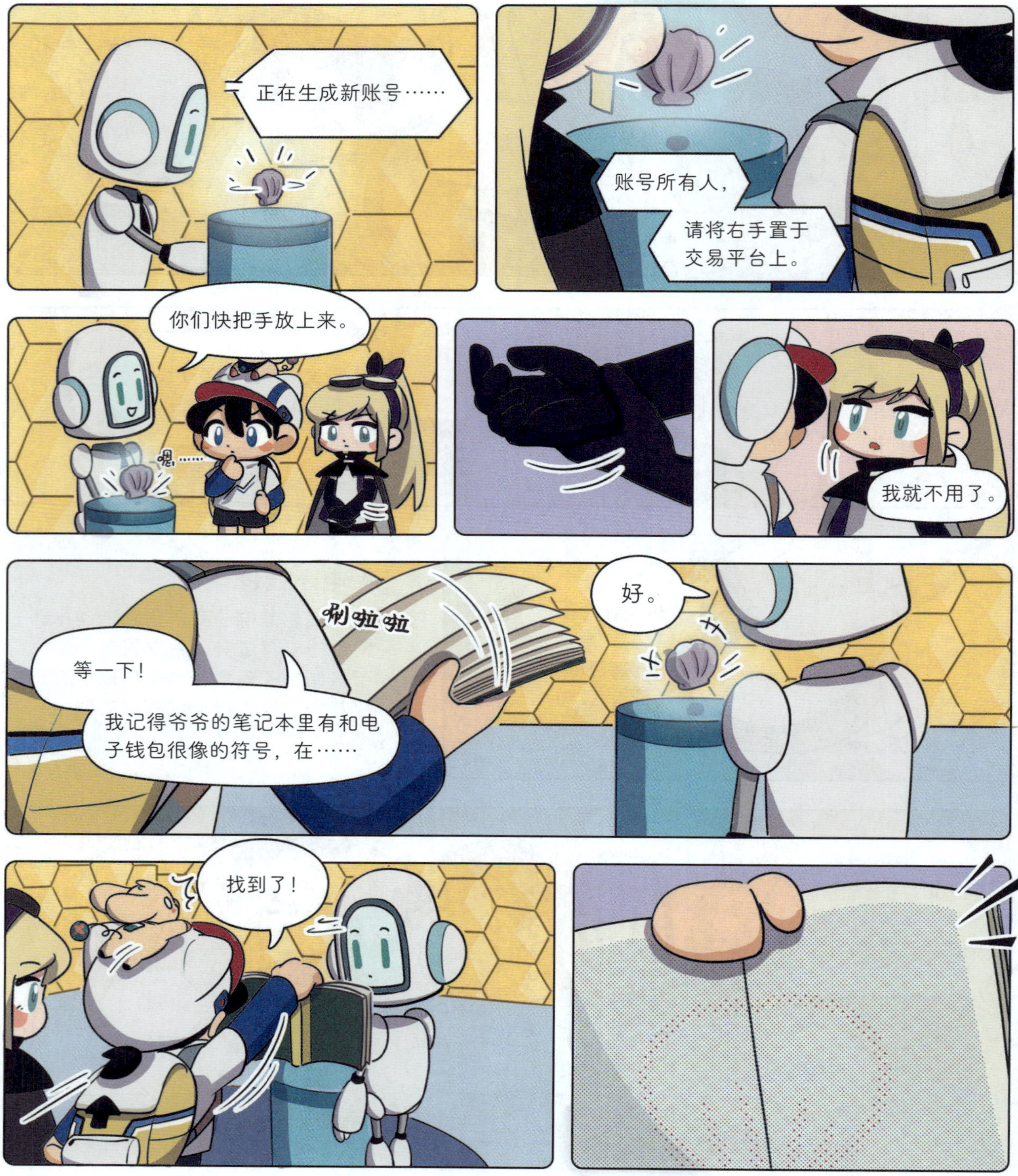
正在生成新账号……
账号所有人，
请将右手置于交易平台上。
你们快把手放上来。
嗯……
我就不用了。
唰啦啦
好。
等一下！
我记得爷爷的笔记本里有和电子钱包很像的符号，在……
找到了！

账号！
这是你爷爷留给你的账号！
快，把本子放这儿。
发现新账号，识别中……
嗡
账号所有人——程诺。
共有米特 15 万元。
15万元
嗯，足够了。
哇……
退出面对面转账，
米特存取。

小诺，你需要取多少？
装备购买的话……
5 万元应该足够了。
10 万元吧。
万一有别的需要，
也能用上。
行。
米特存取。
是否需要生成电子钱包？
是。
小诺，快把手放上来。

米特存取完毕，
是否还需要别的服务？
不用了。
交易完成，请拿好
您的随身物品。
欢迎下次再来。

吱嘎
吱嘎
好神奇，
原来这就是电子钱包。
之后你如果有要买的东西，我可以先帮你买。
等你找到家人再把钱还给我。
她应该是不好意思用未来的钱吧。
其实我……

谢谢。
我取 10 万
元吧。
原来是因为这样，才……
扑通
走吧，
我带你们去买装备。
数字银行

运输中
到了。

能购物中心
这儿就是人工智能小镇最大的购物中心了。
这里分了好几个区域，每层都设有专门的配送中心。

海鲜自选
太空蔬菜
有机！
VR体验区
到了。

VR：即虚拟现实技术，又称虚拟实境技术或灵境技术，是 20 世纪发展起来的一项全新的实用技术。
别跑！
虚拟现实技术能够生成给人以现实的感觉的虚拟情境，
其英文名称为“Virtual Reality”，故缩写为“VR”。
嘀
虚拟现实技术涉及计算机、电子信息、仿真技术领域。从理论上来讲，这是一种可以创建并让人们体验虚拟世界的计算机仿真系统。根据现实生活中的数据搭建一个虚拟数字空间，通过计算机技术产生的电子信号，将其转化为能够让人们感受到的情境。
相关设备
如果虚拟世界是游乐园，那么各种输出设备就是进入游乐园的门票。
眼镜 / 头盔
手套 / 控制器
步行机
本篇故事中默认 VR 技术已发展到仅靠眼镜的传感器就可以直接连接大脑的阶段。（作者注）

VR的应用

随着社会的发展和计算机的普及，VR 技术受到了更多关注。人们可以**在虚拟现实世界体验到最接近真实的感受**；同时，它还可以模拟听觉、视觉、触觉、味觉、嗅觉；它还具有超强的仿真系统，真正实现了人机交互，使我们在操作过程中能够得到环境最真实的反馈。正是虚拟现实技术的**存在性**、**多感知性**、**交互性**等特征，使它受到了更多人的喜爱，被广泛应用。

VR
人类进入互联网大厦是需要穿戴VR装备的。
你们去挑选自己喜欢的产品吧。
好耶！
无重力真空货架
Get
N型
咔嗒
嗒
嗒
嗒
嗒

轻便款 VR 套组
一体式 VR 耳机
新品发布中心
神经传输贴片
嘿
试戴一下！

个性化定制
嗒
嗒
购买成功。
我们还要再逛一会儿，直接让快递把你买的东西送回家吧。
好！
嘀
嘀
嘀
真的不买吗？
咔嗒
咔嗒

我的装备够用了。
好吧……
听她说这装备是她太奶奶留给她的，应该不会有问题。
已录入
好了，我们走吧。
嗡嗡
嘀
嘀
现在万事俱备，明天就可以进互联网大厦了。
好耶！

浪花朵朵

出发吧！小诺的AI大冒险

互联网大厦的芯片追击

张立波　武延军　赵琛　著　郑颖芝　绘

北京联合出版公司
Beijing United Publishing Co.,Ltd.

图书在版编目（CIP）数据

互联网大厦的芯片追击 / 张立波，武延军，赵琛著；郑颖芝绘 . -- 北京：北京联合出版公司，2025. 5.
（出发吧！小诺的 AI 大冒险）. -- ISBN 978-7-5596-8355-7

Ⅰ . TP3-49

中国国家版本馆 CIP 数据核字第 2025DK5457 号

互联网大厦的芯片追击

著　　者：张立波　武延军　赵　琛

绘　　者：郑颖芝

出 品 人：赵红仕

选题策划：后浪出版公司

出版统筹：吴兴元

编辑统筹：郝明慧

特约编辑：潘　萌

责任编辑：杨　青

营销推广：ONEBOOK

装帧设计：墨白空间 · 黄海

北京联合出版公司出版

（北京市西城区德外大街 83 号楼 9 层　100088）

北京盛通印刷股份有限公司印刷　新华书店经销

字数 12.5 千字　787 毫米 ×1092 毫米　1/16　37.75 印张

2025 年 5 月第 1 版　2025 年 5 月第 1 次印刷

ISBN 978-7-5596-8355-7

印数：1-10000 册

定价：99.00 元（全 5 册）

第四章　互联网大厦

这是互联网大厦？
对啊。
这是……
大“夏”吧?!
怎么是平房？
进去就知道了，
我们快走吧。
说这是大厦也太牵强了。
咦，这个门的形状好特别哦。

这是网口，
啪嗒
进入互联网大厦的必经之路。
啪嗒
啪嗒
网口：计算机连接互联网的接口。
啪嗒
啪嗒
2号通道
大家可以把 VR 装备戴上了。
好！
咔
走吧。
嗒

* 防火墙：

由用于安全管理及筛选的软件、硬件设备组成，在计算机内、外网之间构建出的一道能够保护用户隐私和信息安全的屏障。

是这个吗？
不是。
奇怪了，
关于进入人工智能小镇之后的事，爷爷就没留什么信息给我了……
啊！
那这个呢？
怎么会……
也不是！
就是，那个，能不能通融一下……
搓搓
您是不是没有权限？
等等！
权限

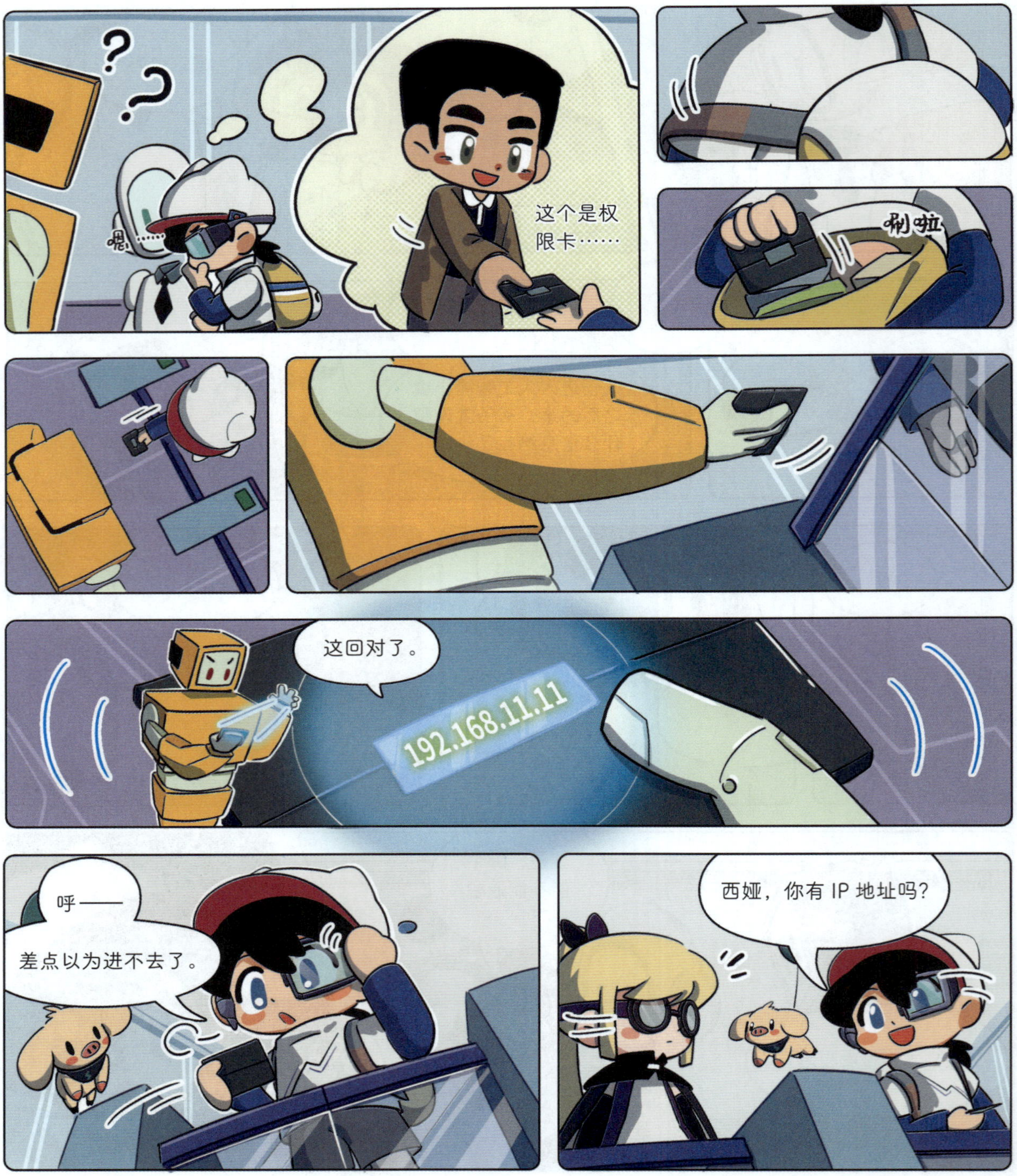
嗯……
这个是权限卡……
刷啦
这回对了。
192.168.11.11
呼——
差点以为进不去了。
西娅，你有 IP 地址吗？

有。
192.110.1.0
嘀
哐当
果然，是大厦啊——

这就是通往元宇宙的互联网
大厦内部了。
很壮观吧？
WiFi
大家以不同的方式从世界各地来到这里。
它是人工智能小镇的中心枢纽，人工智能小镇的一切生产活动
都是围绕它展开的。

我们先去服务台找向导。

啪唧
啪唧
啪唧
这是彩虹桥。
过了桥就是大厦的中心平台了。
啪唧
啪唧
噜?
噜噜。
呜
哔!
哔

那是？
呜——
光纤列车。
它通往小镇以外的一些地方，通常是机密场所。
那些地方设有专门的车站，人们可以凭IP 地址乘坐光纤列车来互联网大厦。

光纤列车

知识拓展

光纤

光纤是光导纤维的简写，光导纤维是一种由玻璃或塑料制成的纤维，用来进行光传导。在日常生活中，由于光在光导纤维中的传导损耗比电在电线传导中的损耗低得多，光纤被用于长距离的信息传递。

在网络世界中，光纤是可以带着你以光速旅行的高速列车，让信息的交流不再受距离的限制。

光缆

一定数量的光纤按照一定方式组成缆芯，包覆外护层，就成了用以实现光信号传输的一种通信线路——光缆。外面的保护层和绝缘层可防止周围环境对光纤的伤害，如遇水、遇火、遇电击等。

嗒
嗒嗒
嗒嗒
您好。

我们需要一个互联网向导。
咔嗒
嘀
嘀嘀
已为你们传唤向导——路由器，请稍候。
躁动
嗡

* 路由器是一个信息中转站，能够将数据从一个网络传递到另外一个网络。作为聪明又可靠的向导，它们知道如何找到最快的路线，把每个人安全地引导到他们想去的地方。

你们好，请随我来。
这里就是云梯了。
由此可以通往大厦内连接元宇宙的各个职能部门。

3
好高啊。
噜——
嗯。

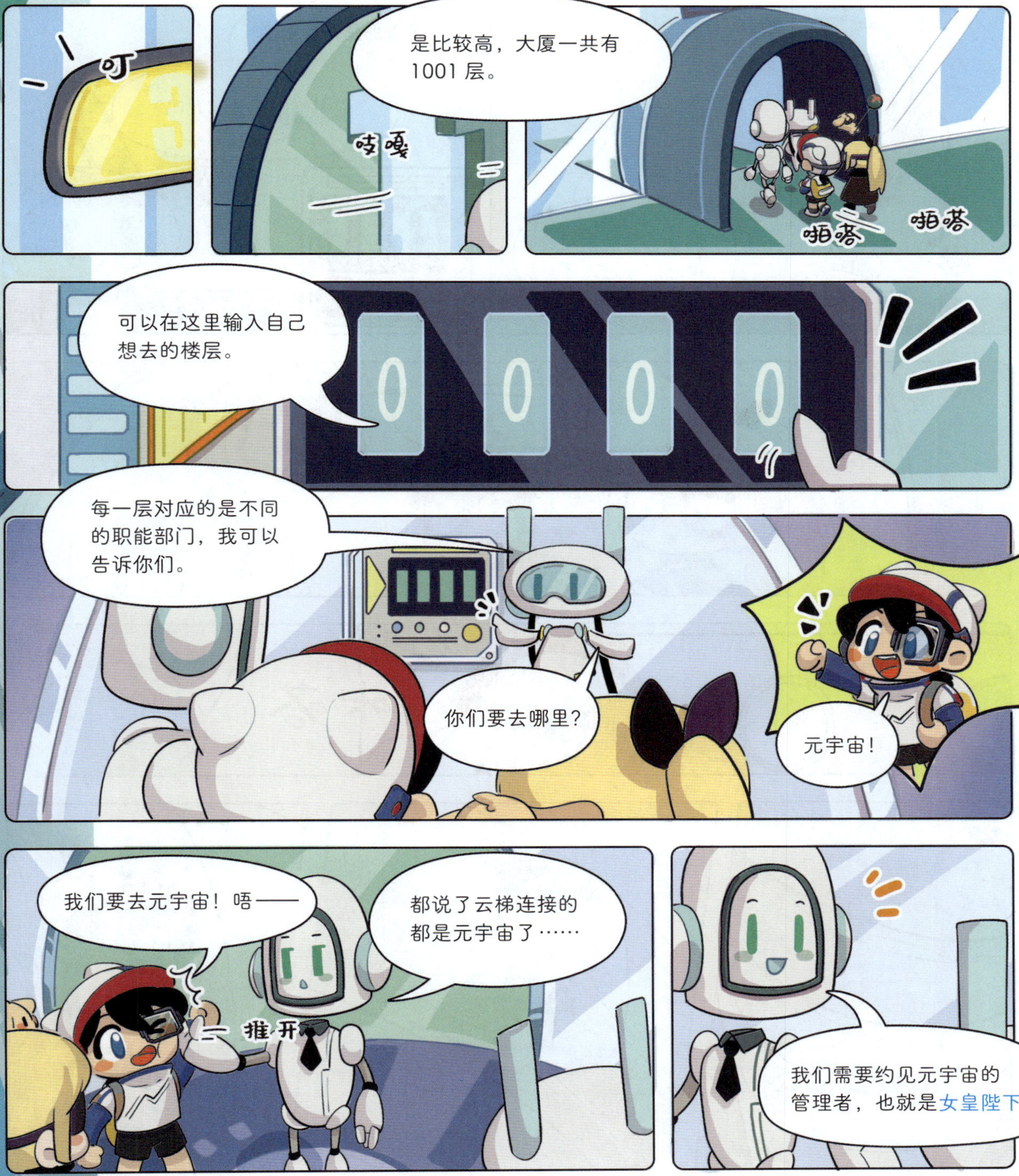
叮
吱嘎
是比较高，大厦一共有1001层。
啪嗒
啪嗒
可以在这里输入自己想去的楼层。
每一层对应的是不同的职能部门，我可以告诉你们。
你们要去哪里？
元宇宙！
我们要去元宇宙！唔——
推开
都说了云梯连接的都是元宇宙了……
我们需要约见元宇宙的管理者，也就是女皇陛下。

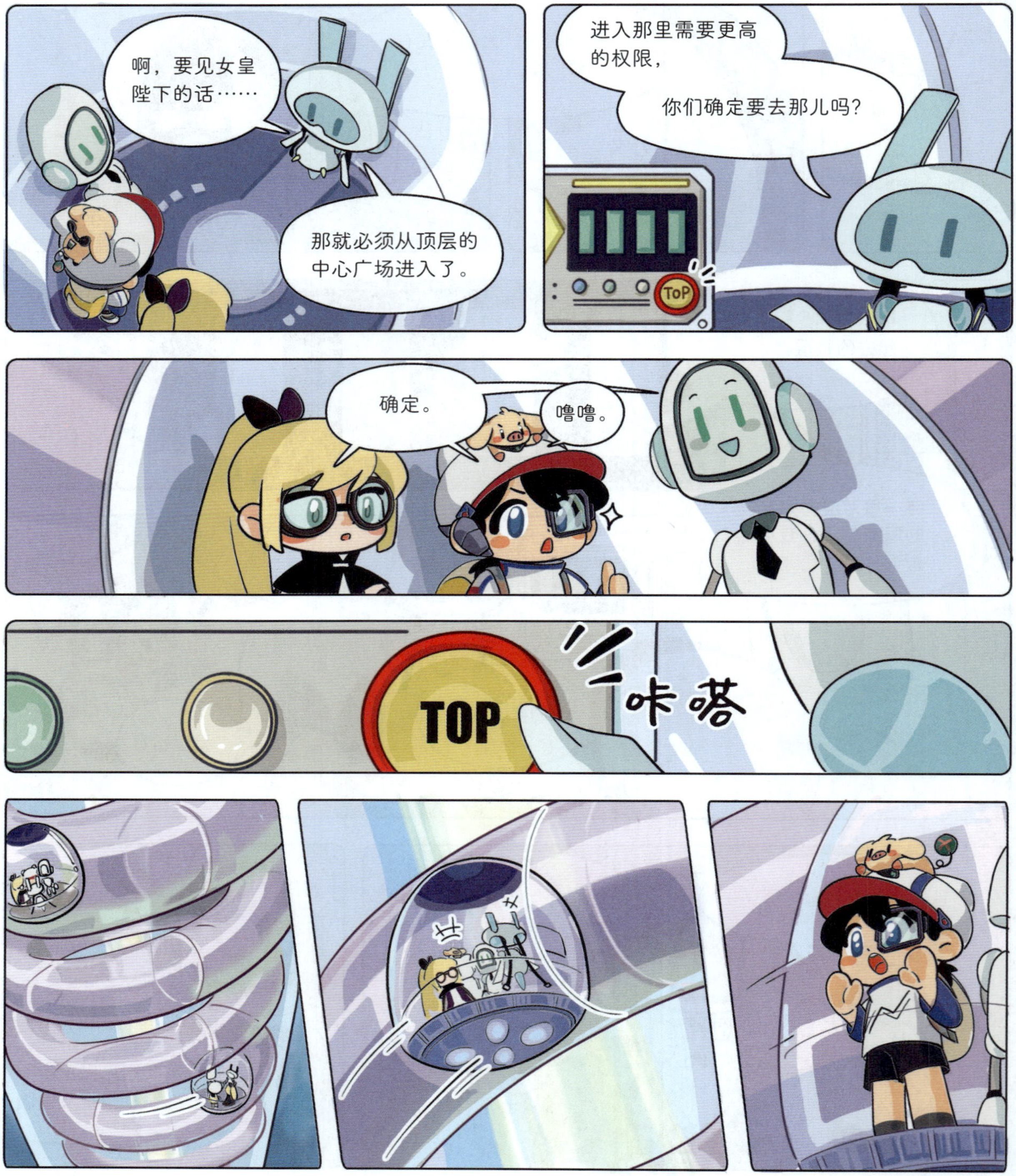
啊，要见女皇陛下的话……
那就必须从顶层的中心广场进入了。
进入那里需要更高的权限，
你们确定要去那儿吗？
TOP
确定。
噜噜。
TOP
咔嗒

噗
TOP
493
527
61
193
快到了。
TOP
咔嗒
晃动

叮咚
顶层已到达。
嗒
好神奇，居然一点儿也不晕。
因为云梯装配了重力平衡系统。
点头
你们从这扇门进，我就不一起了。
那里直接连接元宇宙的中心广场，会有工作人员教你们如何面见女皇陛下。

出来后可以直接用这个呼叫我。
好的。
啪嗒
啪嗒
啪嗒
嘟嘟
嘟
嘟
抱歉，您的 VR 设备需要升级。
当前权限不够，
无法进入中心广场。
啊——
那怎么办呀？
嘀
叮咚
4 号分机需要您的帮助。

叮咚
4 号分机需要您的帮助。
您好，
是遇到什么
问题了吗？
我们的设备权限不够，
需要升级。
可我买装备时明明选的
是最高配置的一版啊。
奇怪了……
别着急，听听向导
是怎么说的。
关于设备
升级……
有了！

我带你们到信息中心找找看，
确认一下是哪里需要升级吧。
唔……
好！
噜噜。
西娅？
你太奶奶留给你的设备应该也比较古老了，
可以一起升级一下。

叮咚
623 层到了。
623
嗡
啪嗒
啪嗒
吱嘎——

咔啦
咔啦
嗒嗒
嗒嗒
嗒嗒
这里是元宇宙的**信息中心**，拥有整个元宇宙最全的资料库。
有不明白的问题，来这里咨询，一般都能找到答案。

您好，请问有什么
需要帮助的吗？
可我买的已经是最高
配置版了，
要如何升级呢？
我这套 VR 设备等级不
够，进不了中心广场。
请稍等。
咳咳。
目前看来。

您的设备
虽然是最高配置版，
但是并未配备能进入中心广场的高级芯片。
要去哪里买呢？
这要将近期送来的资料全部查找一遍，可能……
要稍微花点时间。
那要多久呢？
需要一……
哦不，
两……周？
这也太久了吧。
其实有办法马上得出结果。

什么办法?
我们可以动用更多人手来为您查找。
相应地,
需要您支付一定数量的米特。
可以啊。
不同的速度,对应的金额是不同的。
最快能多快?

咔嗒
咔嗒
十分钟？
半小时？
还是一天？
都可以。
咔嗒
如果您很着急的话，
十分钟也是可以的。
那就——
唰
那就半小时吧，
也不差这一会儿了。
半小时的话，需要支付米特 8000 元。

鉴于您是第一次来，
就给您打五折。
4000元。
您看怎么样？
我们再考虑——
没问题！
即答
嗯？
请将您的电子钱包对准这里。
迅速
嘀
请确认，
4000
是否需要支付米特——
4000元？
确认。
支付成功。

啪
啪
孩子们，
来干活了！
咔
嗡嗡
待处理
啪嗒

吱嘎
沙沙
沙沙
呱唧
噗
噗

云计算

指的是通过网络“云”将原本庞大的计算问题分解为无数个小任务，让不同的服务器快速计算小任务的结果，汇总得到最终结果并返回给用户。这项技术可以在很短的时间内（几秒钟）完成对数以万计的数据的处理，为便捷的网络服务提供强力支持。
（本作中因剧情需要刻意拉长了时间。）

Error
震撼吧？
给。
先到那边休息一下吧，还有好一会儿才能出结果呢。
谢谢。

大数据

凭借强大的信息处理能力以及天才般的分析能力成了信息中心（及资料库）的管理者。能迅速地从繁杂的资料中整理、筛选出有效信息，将它们提供给咨询者。因为是多年的老员工，整理过的资料无数，又认识很多人，所以知道一些非常隐秘的信息。

应该已经好了。
资料显示，
从上个月开始，
高级芯片就一直缺货。

原本高级芯片是由曼堡城提供的，
一个月前，那里好像发生过一场骚乱。
现在相关负责人全都联系不上了。
啊，这样啊……
那能不能从拥有者手中购买呢？
非常抱歉，
目前所有拥有高级芯片的人都正在使用它们。
那我们回去再想想办法吧。
好。
嗯。

触手可及。
啊？
幻听了？

没解决问题的话是不是要退一些钱？
顿住
不。
一旦动用了云计算，无论是否解决了问题，都需要同样的工作量，
所以才要先付款。
小诺，你答应得太快了，
万一钱不够用了呢？
够的够的，
还有很多呢。
你呀……

触手可及。
啊……不想啦！

第五章　变故

啪嗒
啪嗒
啪嗒
别担心。
我有个在中心广场工作的邻居，他那儿应该是有高级芯片的。
可是我……
在那里！

嗒
嗒
嗒
嗒
嗒
嗒
是、是他们！
是你认识的人吗？
影……
西娅？
点头
啪

嗒
嗒
嗒
嗒
嗒嗒
唰
布丁！
噜！
追上去！
嗯。
噜噜！
警卫来了！

就是那里！
人群聚拢
发生什么事了？
嘈杂
怎么了？
好像有绑匪……
啧。
咔嗒
撤！
嗡

嗡
挤
嗡
噜噜——
咻

布丁——
咔嗒
咔
嗖——

嗖——
啊！警卫追上他们了！
咔啦
嗡嗡嗡嗡嗡嗡
?!

啪嗒
啪嗒
啪嗒
啪嗒
啪嗒
"影"是什么?
啊?
就是刚刚那些人的代号。
我的家人就是被他们抓走的。
紧握
咦，你之前不是说——
警卫们回来了！

嗒
嗒
嗒
怎么样了?!
抱歉，
他们实在是太快了。
我们已经通知其他警卫，封锁了小镇的出口。
搜查小队刚刚也出发了。
别担心，按照我们的常规效率，今天内应该就能找到你们的朋友。
都过去这么久了，
不会有事吧?

常规？
那就是还有特殊情况了？
万一在这期间发生了什么……
都怪我，
要不然布丁也不会被抓走。
搭上
别急着下定论，还有时间。
说不定布丁会留下什么线索，
我们也一起去找吧！
线索……
好。

嘟
嘟
咔嗒
吱吱
吱吱
嗯。
嗯。
好的，收到。
我们有个紧急任务，得先撤退了。
如果再有什么情况可以直接向基站呼叫，信息是联通的。
搜查队那边有进展的话也会第一时间给你们发信号。
好的，麻烦你们了。

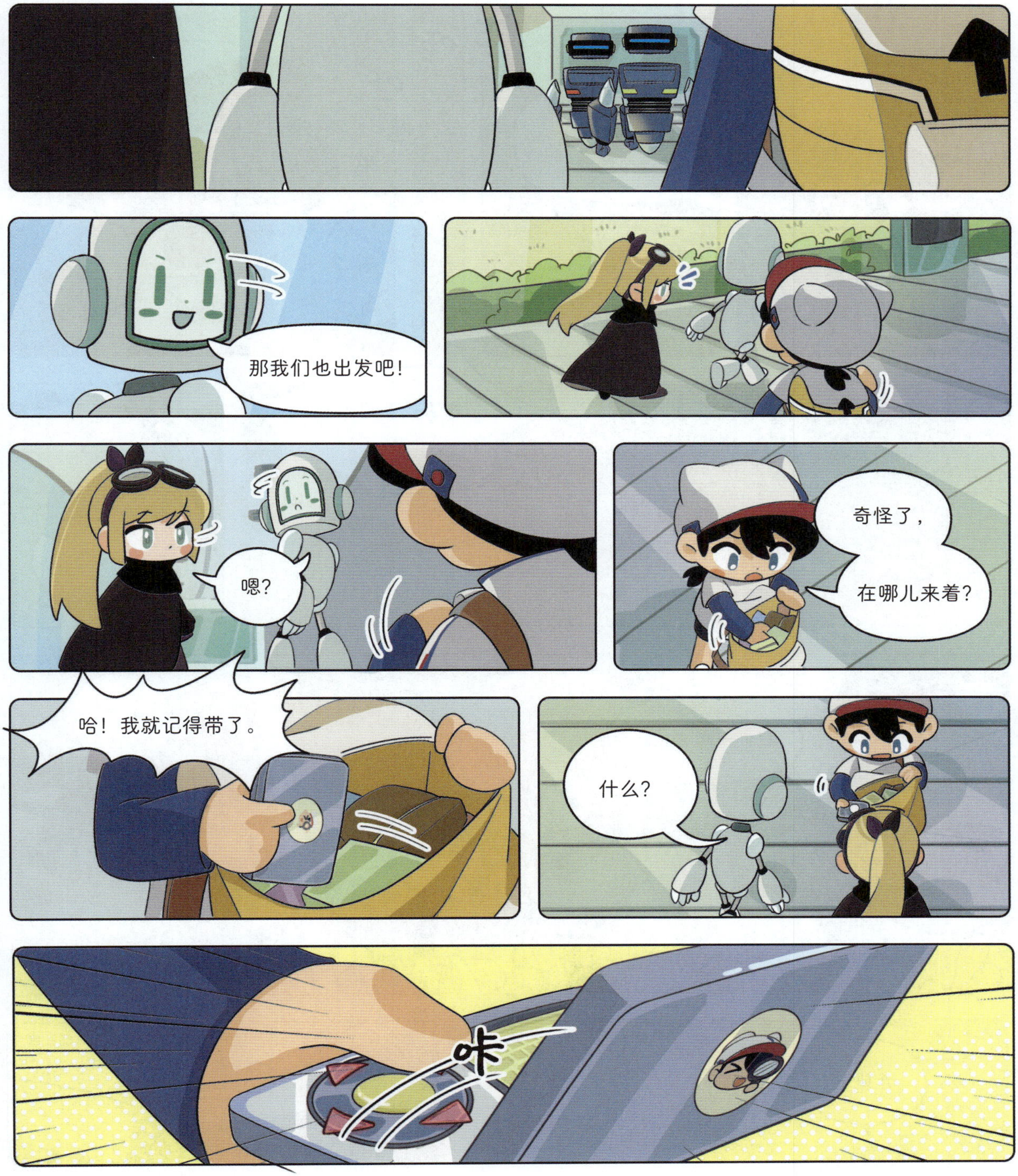
那我们也出发吧！
嗯？
奇怪了，
在哪儿来着？
哈！我就记得带了。
什么？
咔

我小时候，布丁走丢过，爷爷就做了这个给我。
咔嗒
哔
哔
哔
哇
哇
哇
哇
呜
布丁找不到了!!
?!
好了。
别哭啦，
我们一起去找。
唔
嗯。
走吧。

布丁？
咔嗒
布丁？
沙沙
布丁？
哗啦
这儿也没有。
那里太危险了！快点下来。
都找遍了，还是没有。
别灰心，我们再找找。
小诺？
刚好，我正要去找你们呢。
吱嘎
飘出
晃晃
悠悠
嗒

噜。
紧抱
几日后。
喏。
给布丁戴上吧，
这样就再也不怕找不到它了。

好啦！
然后用这个。
你试试，
这个是对应的导航仪。
咔
先点这里……
选这个……
然后就可以看到布丁在哪儿了。
嗯、
嗯……
哇！
真的出现了！好神奇！

后来我都用导航仪在和布丁捉迷藏的时候作弊。
Di
找到啦!
唰啦
这回出门随手带着，居然真用上了。
好啦!
9.5KM
嘀
嘀
原来是导航仪，
你应该早点拿出来的。
好久没用了，刚说到线索才想起来嘛。
嘿嘿
既然如此，我们快出发吧。
走!
特价
嗒
嗒
嗒
嗒
嗒

导航仪结构说明

北斗卫星导航系统

卫星导航系统是集“定位”“目的地选择”“路径计算”和“路径指导”功能为一体的辅助系统，是能在地球表面或近地空间的任何地点为用户提供全天候的三维坐标、速度、时间信息的空基无线电导航定位系统。而北斗卫星导航系统是中国自行研制的全球卫星导航系统，也是继GPS①、GLONASS② 之后第三个成熟的卫星导航系统。

因为布丁身上穿戴了定位器，卫星导航系统能准确定位布丁，并计算出当前位置去往目的地的最佳路径。

---

①“Global Positioning System”（全球定位系统）的缩写，是美国研制的一种以人造地球卫星为基础的高精度无线电导航的定位系统。——编者注

②“Global Navigation Satellite System”（全球卫星导航系统）的缩写，是由苏联开发，俄罗斯继续研制的卫星导航系统。——编者注

嘀
嘀
嘀
嘀
就在这附近了。
啪嗒
然后就是……
啪嗒
啪嗒
小心。
从几分钟之前开始，
布丁就没有移动过了，
小声
它可能已经到了“影”的聚集地。

接过
咔嗒
布丁！
咽
指指
再等等。

咻
我先通知搜查队。
别打草惊蛇，
看。
抓

嗡
啪
静——

咚
咚
吱
呜——
物流中心
啪嗒
啪嗒
观察
啪嗒
啪嗒
看那里！
啪嗒
啪嗒

物流中心
啪嗒
啪嗒
布丁！
发现布丁
已锁定
30分钟
取件中

咚咚
这是最高强度的玻璃，很难用蛮力打破。
那么一定有其他打开方式。
布丁，
布丁，
布丁！
看样子是电量用光了。
噜——
*食物供给布丁体力，电量影响布丁的精力。
这里好像可以解除锁定。

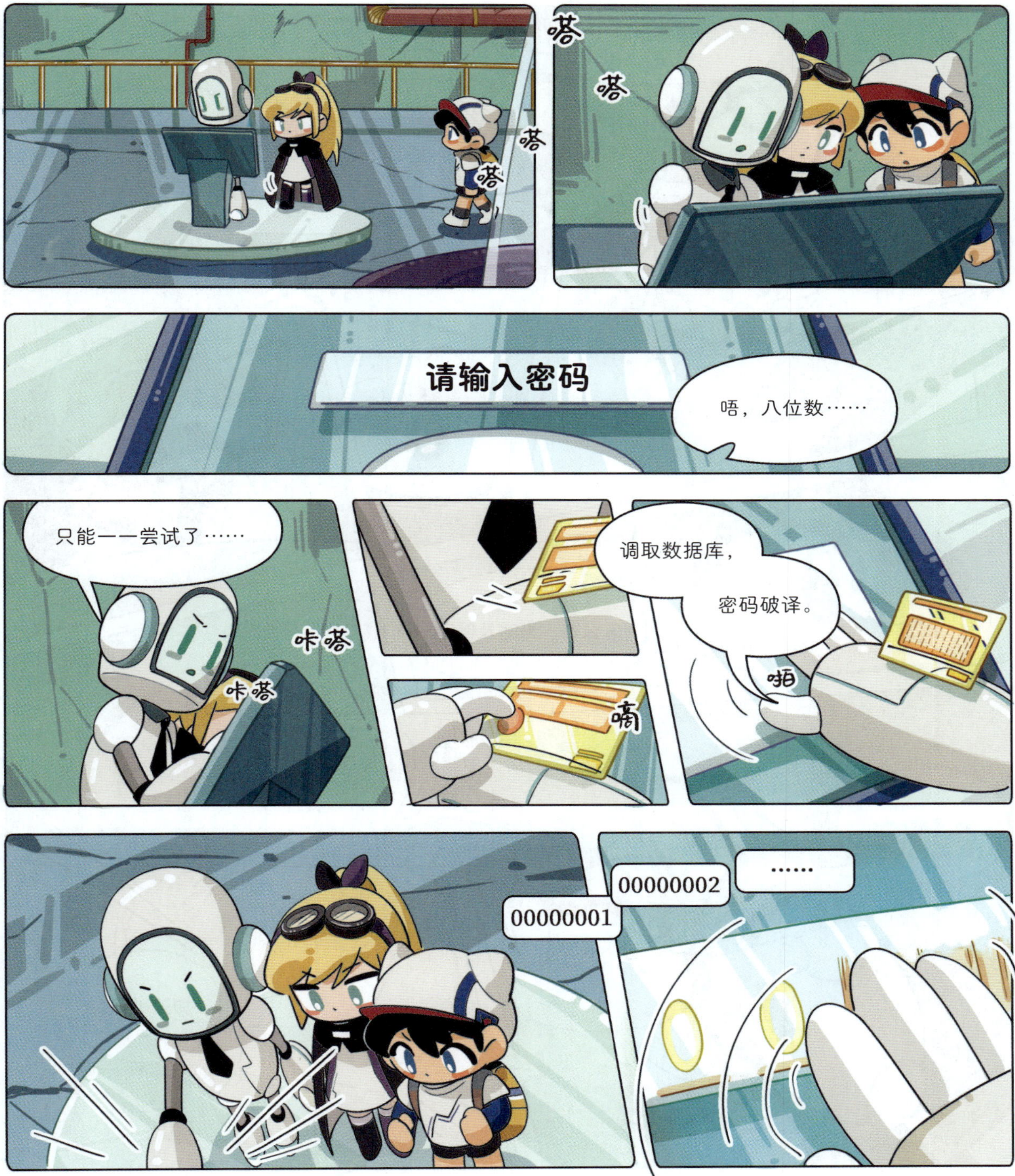
嗒
嗒
嗒
嗒
嗒
请输入密码
唔，八位数……
只能一一尝试了……
咔嗒
咔嗒
调取数据库，
密码破译。
嘀
啪
00000001
00000002
……

一亿种组合方式……
八位数，
得试多久啊？
您预约的大件自动
取件机已发出，
叮
预计半小时后到达。
咚
怎么办，来得及吗？
我尽量……
加速破译。

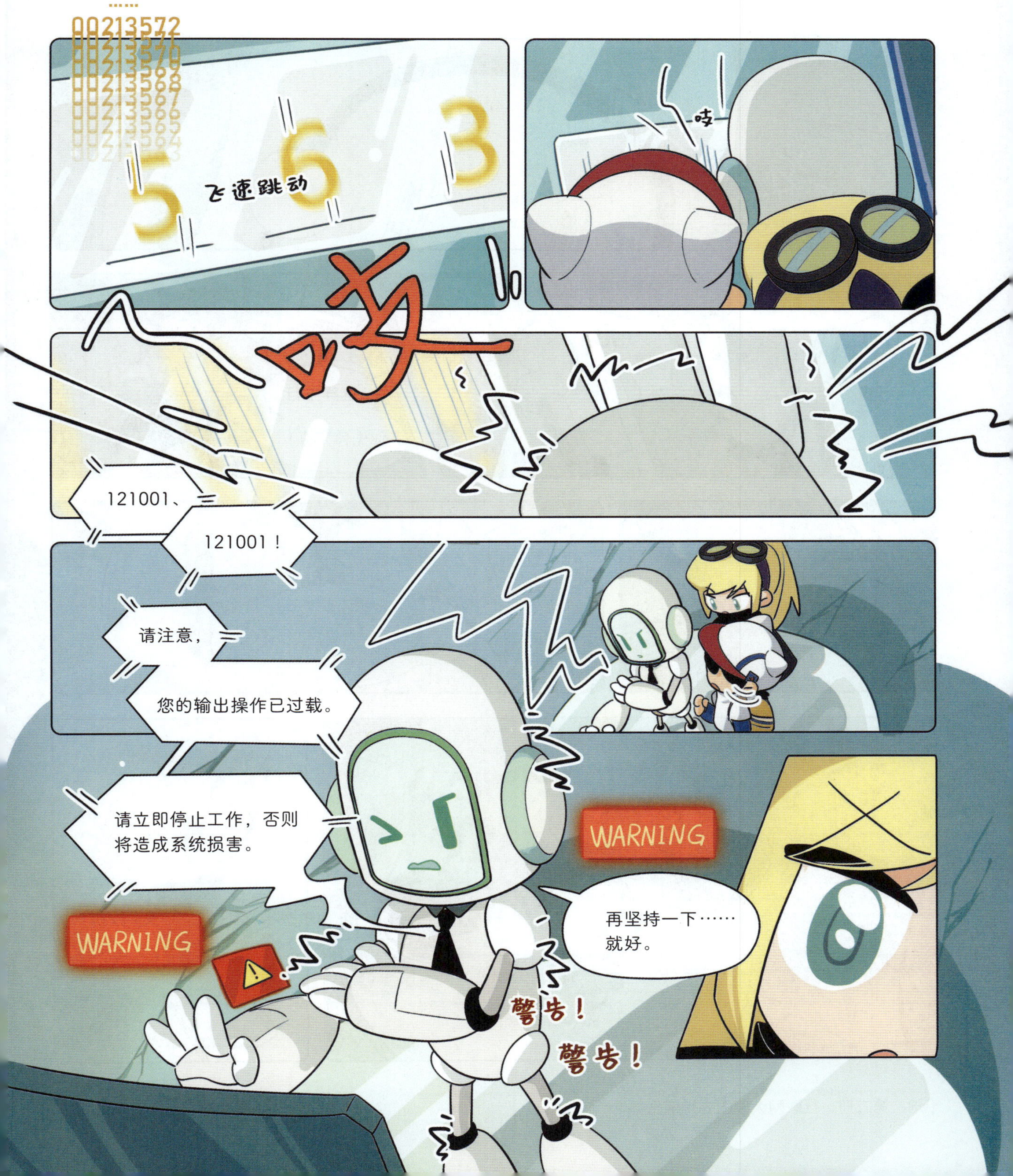
……
00213572
飞速跳动
5 6 3
吱
吱
121001、
121001！
请注意，
您的输出操作已过载。
请立即停止工作，否则
将造成系统损害。
WARNING
WARNING
再坚持一下……
就好。
警告！
警告！

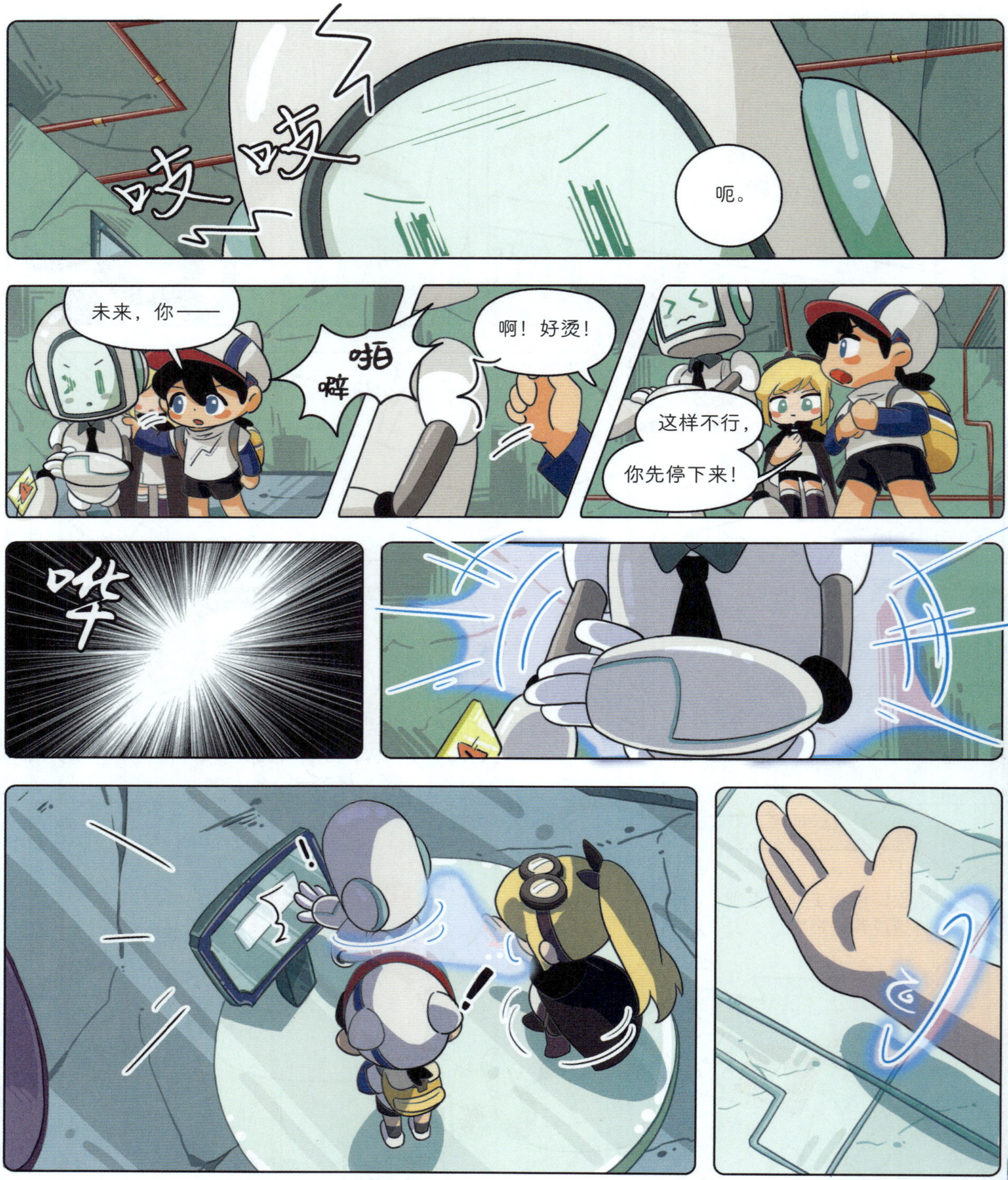
吱吱
呃。
未来，你——
啪嚓
啊！好烫！
这样不行，
你先停下来！
哗

西娅？
我可以帮忙加速。
来不及解释了，
回去再跟你们细说。
好……
嗡

20分钟
取件中
密码正确。
咔
嘎啦嘎啦嘎啦

吱呀
小心翼翼
布丁、
布丁？
噜——

布丁!!!

第六章　朋友

搜查队说这个工厂很久没人使用了，原先的房主也表示完全不知情，这些人应该只是临时借用这里。
不过既然已经被小镇的安保系统注意到了，他们暂时应该不会再出现了。
我有一点想不明白，他们为什么要把布丁抓走呢？
噜——
噜——

布丁？
噜噜，噜？
太好了，看来你已经恢复了。
咕～
咕～
都准备好了，可以吃晚饭了。

吱
吱
那么，为了庆祝布丁脱险，
大家一起——
咕嘟
咕嘟
叮
当
干杯！
小诺，你刚刚说有事没想明白，是什么？
哦哦，我想问他们，就是“影”，
为什么要把布丁寄走呢？

是因为布丁对他们有什么用吗？
啪嗒
这一切都是“暗”组织的阴谋……
“暗”组织？
噜？
是的。
“暗”组织是一个利用计算机技术做各种非法勾当的组织，
组织内部的成员就是“影”，他们相当神秘，出现时总会隐藏自己的真容。
至今还不知道总共有多少“影”。

他们总是以普通人的身份隐藏在各个城镇之中，让人难以觉察，
为的是一步步**夺取元宇宙的掌控权**。
最近他们在“挖矿”，
“挖矿”是一种利用非法手段来获得数字货币的行为。
“挖矿”会用到大量电力，布丁的特殊能力可能刚好对他们有用。

如果我们今天没有成功救出布丁的话，它也许会被寄到……
顿住
西娅，你知道得好清楚！
所以，你是因为知道了他们的秘密才被盯上的吧？
不。
嗯？
咕噜
咕噜
大家别光顾着聊天，快吃东西吧。
噢噢。
好吃。

其实……
咔啦
我的真名是显西娅，
我叫显西娅·特丽莎·英伟达。
“显”？
你是从曼堡城来的吗？
是的，准确地说，我来自曼堡城的一个附属岛屿。
原来……
那怪不得……
等等，曼堡城是哪里？
什么附属岛屿？
未来，你又知道了什么？

我来说吧。
你们也看到了，我可以加速密码破译。
嗯。
这是因为我来自显卡一族。
显卡一族是一个十分古老的家族……
沙 沙

显卡一族是十分古老的家族，每个族人的身上都生有“族纹”，代表着不同水平的超算算力。
Mainboard
（主板）
显卡一族致力于城市建设，世代为曼堡城服务，我们在其中担任重要职位，有极高的话语权。
为了不被外界打扰，我们家族独居在曼堡城的附属岛屿上，外人没有族长的批准无法进岛。
准入许可
曼堡城

那样的日子平静又美好。
因为我是家族中最小的孩子，大家都无条件地宠爱着我。

可谁也没想到，
有一天……
咕嘟
咕嘟
咕嘟
噼
啪

记住我说的话了吗?
嗯——
乖孩子。
扑通
这里还有人!

嗒
嗒
嗒
嗒
嗒
跑！

啪
啪
啪
啪
啪
嗒嗒
嗒嗒
嗒嗒
嗒嗒
!!

咻咻
咚
啪
呃啊！
对了，妈妈！
！
砰

妈妈!!
继续跑，别回头!
嗡嗡
呜
啪嗒
我躲到了太奶奶家。很快，那些人也找了过来。
啪嗒

咚
我跟你们走。
嗯？
?
?
!
走吧。
呜。

你把这个好好收着，别被别人拿走了。
不只是这样，这场骚乱也波及了曼堡城。
又或者，它就是从那里开始的。

因为要使用先进的硬件设施，“暗”组织把曼堡城定为一个据点，悄悄渗透，逐步获得了那里的管理权。
我从家乡逃了出来，到处躲藏，寻找救出父母和族人的办法。
嗒
之后，我无意中得知了元宇宙的存在。听说元宇宙的日月军很厉害，他们说不定能救出我的族人。
最先要做的，就是向元宇宙的女皇说明“暗”组织的存在。
我一路找到了这里，
之后的事你都知道了。
进来时，我跟你说我是和家人走散了，其实这才是真正的原因。

抱歉，一开始骗了你。
摇头
没关系。
噜噜。
噜。
它说谢谢你救了它。
应该是我要谢谢你，
是你挡在了我前面呀。
布丁可真是个
勇敢的好孩子。
帅呆了！
噜噜呜——
哈哈哈哈哈，
还是会害羞呢！

显卡

*此处以独立显卡为例

显卡（Video card）全称显示接口卡，又称显示适配器，是计算机的重要组成配件之一，能够进行数模信号转换，输出并显示图形和图像。同时，显卡还具备强大的矩阵计算能力，能够快速完成图形、图像和自然语言理解中的各种复杂的算法计算。

显卡的主要结构

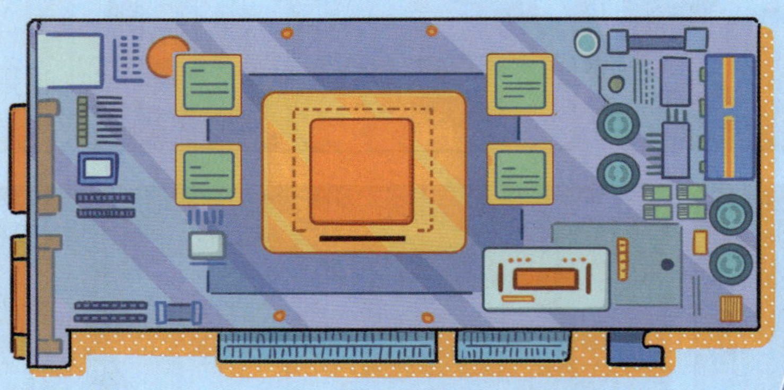

电路板： 负责把显卡上的各个部件连接起来，进行信号传输并提供能量。

接口： 完成各种连接及传输任务。

图形处理器： 即 GPU，显卡的核心部件，“GPU”之于显卡，相当于大脑之于人类。又称显示核心、视觉处理器、显示芯片。

显存： 负责存储显示芯片需要处理的各种数据，其容量的大小、性能的高低，直接影响显卡的处理速度。

显卡的类型
集成显卡
包租婆！
没水啦！
集成在主板上
占用内存
性能低
核心显卡
借我用一下厨房。
用呗。
集成在 CPU 上
占用内存
依托 CPU 的性能
体验提升
独立显卡
专门供电
独立硬件
独立显存
高性能
显卡因其强大的信息处理能力而常被不法分子拿去辅助生产虚拟货币，即被用于“挖矿”。
听说显卡一族所在的岛屿是个特别美的地方，有机会的话真想去看看。

!!
是不是很神奇?
这是你爷爷送给我的。可以把食物的味道转换成数据，让我理解食物的味道。
啾
啾
啾

啪沙
啪沙
怎么了？
啪沙
是你啊，
又来办事了吗？

啊，来拿点东西。
啪沙
不说我了，你怎么闷闷不乐的？
又出现什么“bug”了吗？
程旭源（青年时期）
没有，就是……
主人说我做的食物少了一点趣味。
少了趣味？
这是什么意思？
我也不知道。

你这主人还真是挑剔。
他也没说不好吃，只是……
你想让他更开心，对吧？
嗯……
让我想想，
趣味啊……
你知道他的口味偏好吗？
口味偏好？
我都是照着营养食谱做的啊。
原来是这样！

啪沙
你给我两天时间。
唰
嘀
嘀
嗒
啪嗒
啪嗒
两天后，他果然把要给我的东西做出来了。
快拿去试试！

有了这台机器，你就能理解食物的味道，做出独属于你的美食啦！
谢……谢谢。
真是前所未有的体验，
我居然真的品尝到食物的味道了！
那段时间我热衷于做各种不同的尝试，连你爷爷哪天离开的都不知道，都没有好好感谢他。
这听起来根本是不可能的事，
一个智能机器人居然能品尝到美食的味道。
哈，不知道他是怎么做到的。

你爷爷确实很厉害，是吧？
这好像跟我记忆中的爷爷不太一样。
嗯……
未来，
这次要不是你，
我们真的没法及时救出布丁了。
不全靠我。
啊，谢谢。
主人每次出门都不带上我，一定是因为我还不够强，帮不上什么忙。
哪有！
未来，你可帮了我们大忙！
噜噜！
没有你可不行。

噜噜！
噜噜！
它说未来做的南瓜布丁是它吃过的最好吃的南瓜布丁。
你既聪明又会照顾人，
是我见过的最完美的智能管家！
所以别这么说。
噜。
点头
哈哈，你就见过我这一个智能管家吧。
不过还是谢谢你们，我很开心。

我会跟你一起找到你爷爷，
跟他道谢。
嗯。
捏
我还想请他帮忙。
我之前一直犹豫，
怕出现问题，
经过这件事，我终于下定决心了。
咔啦
起身
我要进行军事化改造，
成为最最强大的智能管家！
……
？

只要是你想做的，我们都支持你。

扑通
扑通
现在最要紧的还是想办法进入中心广场。
呼——又要从头再来了。
用我的装备吧。
这是？
我的 VR 眼镜装配的就是高级芯片，
权限足够进入中心广场了。

那你当时怎么没进去？
啊，是因为我，抱歉。
没关系，当时我还在隐藏身份呢。你先拿去用吧。
这怎么可以？
你比我更需要它！
确实，救你族人的事更紧急一些。
还记得我之前提过的那个在中心广场工作的邻居吗？
等他回来，我们可以找他问问。

不过他上周刚进入中心广场，每次都要工作至少一个月才出来。
我目前暂时联系不上他，只能先耐心等着了。
咕嘟
咕嘟
啊。
有办法就已经很好啦！
就是得再麻烦未来几天。
呜啊！
好烫好烫！
噜噜噜！
我不麻烦，
你这样子看起来也确实需要人照顾。
咕咚
咕咚

没问题！
咚
哈——烫死我了。
……
所以，
我相信，如果是爷爷的话，独自一人
在元宇宙也一定没问题。
西娅你就先去吧，
我可以再等等。
你一定要顺利救出家人。
嗯。
未来，那就再打扰你
一个月啦。
别客气。

如果不是这次旅行，我还不知道爷爷有这么多事没告诉我呢。
也许他就是想借着这次机会让你知道。
可能吧。
小诺，你对你的父母还有什么印象吗？
嗯？
嗯？
说不定你的父母也在元宇宙呢？
欸？我还真没想过……
好久没人提起他们了，
我对他们的印象也已经很淡了。

爸爸妈妈跟爷爷一样，也在村里负责电力设施的更新和维护工作。
我从小就接触了村里的电力维护工作，但是他们跟我说等我长大了会有自己想做的事，不一定要跟他们一样。
工作不忙的时候，他们总会带着我出去玩，爷爷也会跟我们一起去。
村里的人都认识我，每年，我的生日都很热闹。
工作再忙，爸爸妈妈也会抽时间教我算数、认字。

吱
更多时候，他们都在用阿洛带来的材料在工作间忙活。
咔嗒
咔嗒
偶尔也会跟爷爷一样在大屏幕前敲敲打打，可能是在研究什么新机器吧。
爸爸妈妈像有魔法一样，家里的很多机器都是他们做出来的。
爸爸妈妈是会变魔法吗？
是啊，魔法的名字叫作知识。
那我也要学知识！
哈哈哈哈哈。
???

禁入
房子的地下室本来是爸爸妈妈的工作间，那里有一台做“薯条”的机器，看起来特别酷。我长大一些后，他们才同意让我碰，并且要戴上手套。我也不知道“薯条”是做什么用的，但是他们都很小心，做好的每一个“薯条”都会仔细地装起来。
也许是接触多了，我可以说出每个“薯条”的特点。
嗒嗒嗒嗒

然后有一天……
咔嗒
我们爱你。
晚安。
小诺，等我们回来……
爸爸?
妈妈?
爸爸妈妈突然就不见了，哪儿都找不到他们。
爷爷说他们去做很重要的事了，等我长大了他们就会回来。

一开始我真的特别
难过，很不适应。
噜噜。
后来有布丁和爷爷的陪伴，
我的生活很快就恢复正常啦！
而且，每一天我都过得很开心！
对了，我还带了些“薯条”出来。
都这么久了，
不会坏吗？
不会的。
翻找

你们看。
这是……
怎么了？
吱嘎
你说这是……
薯条？！
对、对啊。
有什么问题吗？
等我一下。

是爸爸妈妈告诉你，这是"薯条"的吗？
他们说这是"chip"。
不过后来阿洛让我直接叫"薯条"就行，不是吗？
"chip"是薯条没错，
不过——
唔。
啪嗒
这个，叫作"薯条"。
那个，叫作"芯片"。
它们，都是"chip"。

噗
哈
哈
哈
哈
薯条
哈
哈
哈
哈
哈
CHIP
被耍了
可恶的阿洛！
恍然大悟
你怎么就相信了？
你应该吃过薯条吧？
沙沙
吃过，不过我们那儿管这个叫炸土豆。
那倒是可以理解了。
回去可得整整阿洛。
咔嚓
咔嚓

好吃，这个炸——
薯条。
嗒 嗒 嗒 嗒 嗒 嗒 嗒
噜？
空
不过，这些芯片好像有点特别啊……
和我之前见过的芯片不太一样。

咦，这个……
碰
咔嗒
唰
怎、怎么了？
啊，好像……

这是怎么回事？
这就是我用家里的“薯条机”……哦不，芯片机做的啊？
等一下。
所以……
这些是高级芯片？
点头
点头

这些都是你自己做的吗？
对啊，
爸爸妈妈做的那些
都被他们带走了。
也就是说——
你家里有一台光刻机?!
而且你还能自制高级芯片?!
啊？什么光刻机？
咳咳。
光刻机是制造芯片的核心装备。
类似于照片冲印，把掩膜版上的精细图形通过光线的
曝光印刻到硅片上，制成数以万计的微小的晶体管 *。
晶体管所包含的信息构成了芯片的功能。
光束
掩膜版
硅片
OK
光刻机运作
绘制设计图
雕刻完成
* 晶体管是微型电子开关。

在操作上分为手动和自动两种。
十字线定位
曝光柱（镜头）
电脑控制台
晶圆（即圆形硅片）
一片直径 30 厘米的晶圆大概可以生产几百到几千不等的小芯片，而不是将手机芯片那么小的芯片一片一片刻出来，那样效率太慢了。
光刻机是芯片产业中精度最高且最为昂贵的机器，通常一台需要上亿元。制造和维护光刻机需要高度发达的光学和电子工业基础，世界上只有少数厂家掌握。
看样子你好像什么都不知道。
不过这也是好事。
你家有光刻机这件事万一被坏人知道就麻烦了。
嗯……

谜团越来越多了。
这些事情，只有先找到你爷爷才能问清楚。
当务之急是找出这里有没有我们需要的芯片。
如果说跟西娅那片一样的，唔——
是这个。
……
你怎么能认出来？
啊，算了。
估计他自己都不知道吧……
越来越好奇你父母是什么样的人了。

既然已经有了芯片，那我们明天就可以进中心广场了。
好耶！
吱嘎
噜噜！
噜？
没想到峰回路转，事情就这么解决了。
一切准备就绪，
希望我们——
万事顺利。
转身

一往无前！

走吧。
等待他们的会是什么呢？
新的挑战
即将开启！
啪嗒

浪花朵朵

出发吧！小诺的AI大冒险

元宇宙的宝藏

张立波　武延军　赵琛　著　郑颖芝　绘

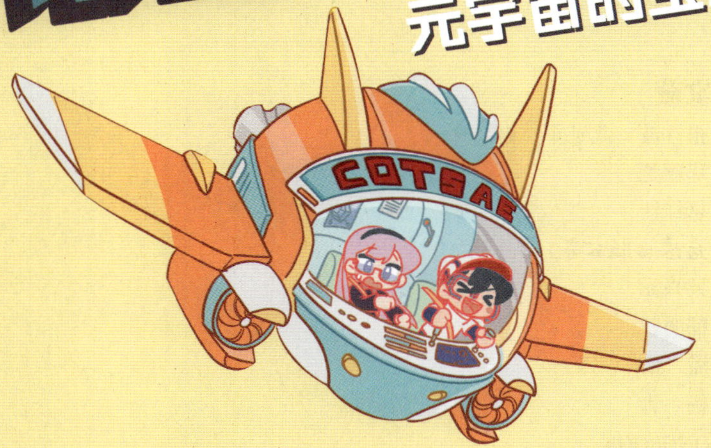

北京联合出版公司
Beijing United Publishing Co.,Ltd.

图书在版编目（CIP）数据

元宇宙的宝藏 / 张立波，武延军，赵琛著；郑颖芝绘. -- 北京：北京联合出版公司，2025. 5. --（出发吧！小诺的 AI 大冒险）. -- ISBN 978-7-5596-8355-7

Ⅰ. TP3-49

中国国家版本馆 CIP 数据核字第 20259JK412 号

元宇宙的宝藏

著　　者：张立波　武延军　赵　琛

绘　　者：郑颖芝

出 品 人：赵红仕

选题策划：后浪出版公司

出版统筹：吴兴元

编辑统筹：郝明慧

特约编辑：潘　萌

责任编辑：杨　青

营销推广：ONEBOOK

装帧设计：墨白空间 · 黄海

北京联合出版公司出版

（北京市西城区德外大街 83 号楼 9 层　100088）

北京盛通印刷股份有限公司印刷　新华书店经销

字数 12.5 千字　787 毫米 × 1092 毫米　1/16　37.75 印张

2025 年 5 月第 1 版　2025 年 5 月第 1 次印刷

ISBN 978-7-5596-8355-7

印数：1-10000 册

定价：99.00 元（全 5 册）

第七章　元宇宙

唰
唰

熙熙攘攘
嘈杂
WELCO
当前访客量
0018758
喧闹

WELCOME
087589
BREAK
A

······
醒醒！
别发呆了，我们要快点去中心广场。
我们现在该怎么下去？
那里应该就是中心广场吧。
是的。
等我一下。

他可以带我们过去。
啪嗒
这位是**代码**——
元宇宙的重要建设者。
咦，那……
那些是?
他们和我一样，
我们都是代码。

代码的群体庞大，
就像蜜蜂的族群。
整个元宇宙都是由他们一点一点搭建起来的。
好厉害！
哈哈哈，没那么夸张，
我们只是普通的打工
人罢了。
作为元宇宙的一分子，
我们只是在做自己分内的事。
听说你们要去见女皇，
这可不是容易的事。
在此之前，需要先对你
们的账号进行身份认证。

唰
跟我来。

啪唧
我先带你们下去。
别担心，这个很牢固的。
没问题。
嘿！
啪

呼
我先带你们去账号认证中心。
第一次来的话需要先创建新账号。
不然你们的身份就是游客，在很多地方都会访问受限。
咻
到了。

啪嗒
啪嗒
咔
啦啦啦

叮咚咚
赤啦
嘈杂
嘈杂
嘈杂

嗒嗒
这边。
嗒嗒
嗒嗒
嗒嗒
嗒嗒
开始设置。
嘀嘀
嘀嘀
你们谁先来？
你先来吧。
好。
嗒
点头

嗒
嗒嗒
嗒
好了。
开始录入。
嘈杂
嘈杂

轮到你了。
好耶！
【请将IP地址置于识别器之下。】
噜噜。
谢谢。
192.168.11.11
正在识别……
嘀嘟！
嘀嘟！
嘀嘟！

怎么了?
此 IP 地址已被注册，
无法重复创建。
账号虚拟名叫……
诺亚?
难道是阿洛的账号?
怎么会?!
我看看。
咔嗒
咔嗒
咔嗒
程诺?
是我。
那这个就是你的账号了。

这个账号应该是由他人替你创建的，
只要激活就行了。
账号所有人：程诺
年龄：10岁
嘀
嘀
OK
大家让一下。
你把手放在这里，看向屏幕。
正在解析……
确认账号所有人。
嗡
录入完整生物信息……

账号已激活，
欢迎使用。
多功能护目镜
11:48
防水斗篷

11:50
是不是不太适应?
噜噜。
你可以关闭元素视野，按一下左下角那个图标就好。
碰
左下角、左下角……
触摸
这个吗?
啊!
怎么样，
是不是好多了?
真的欸。

噜——
好啦好啦，
我没事。
拍
拍
好了，现在你们已经跟元宇宙正式连接了，
一会儿我就带你们去女皇的元脑事务所。
这些图标可以让你们在
元宇宙更加自如地行动。
比如这个。
抓
你们可以开启元素视野，
有一些特殊的入口
需要借助它进入。
你们也可以在元宇宙内部搜集
相关素材，自己制造工具。
收起

不过自制工具比较麻烦，
得去专门的地方学习。
之后你们自己再慢慢探索吧。
造出来的东西可以
拿去商城售卖，
换取米特币。
熟练的话，还能自己设计工具。
或者放进道具箱随时取用。
之前你们搭乘的那个纸飞机形飞行
器就是别人设计、制作的工具。

哇哦
酷
刚刚激活账号时，我看到你有十几万元米特币。
你完全可以进商城购买一些你喜欢的外观、装扮或者皮肤。
还有各种装备，你也可以改名。
商城的快速入口在道具箱图标上方。
我暂时还不需要，哈哈。
咻
啪嗒
啪嗒

咔啦啦
说到道具箱，
你是不是还没打开看过？
给你创建账号的人说不定给你买好了一些装备。
欸？
我看看。
咦？
欸？
这是？
空荡荡
1/1

点击
叮咚
CONGRATS!
恭喜新人诺亚，获得女皇见面券一张。
恭喜新人诺亚，获得女皇见面券一张。
恭喜新人诺亚，获得女皇见面券一张。
恭喜新人诺亚，获得女皇见面券一张。
恭喜新人诺亚，获得女皇见面券一张。
恭喜新人诺亚，获得女皇见面券一张。
嘀
嘀
嘀
嘀
嘀

吱
吱
小诺，你这该不会是……
嗯?
哧
女皇见面券!
这是不需要经过层层筛选、排队、审核，
随时可以面见女皇的奖券。
哧
哧
这种奖券一年只会发布一张，
作为彩蛋隐藏在元宇宙中，
有钱也不一定能买到。
没想到你的账号创建者会把这么稀有的东西给你。

可像刚刚那样的通报，会不会带来危险？
女皇见面券属于 NFT，
是需要以区块链的形式记录下来的。
区块链？
NFT 是什么？
唔——
先说区块链吧。
假设我们现在都住在同一个村子里，村里的每个人都负责生产某一种食物。
A
C
D
E

区块链

我们不可能只吃同一样东西，自然而然就会和他人互相购买食物。
糟糕，出门太急，忘记带钱了。
没问题。
明天再给你可以吗？
怎么了怎么了？
好像是起了什么争执。
别胡说啊，我可没在你这儿买过鸡蛋。
哎，你这人怎么还赖账呢！
反正又没人可以证明我买过。
这时候，很难保证每个人都讲信用。
那么最好的办法就是请一个人专门负责记账。
以后，大家所有的交易都要经过布丁。
好！
噜！
我就不信这样还能赖账！
噜噜！
（包在我身上）
以布丁为中心的记账行为就出现了。
中心化

刚开始，一切都井井有条。
然而，随着时间的推移，中心化记账方式带来的新问题也出现了。
①记账者本身不一定可靠
②记账过程烦琐
③需要收取手续费
④个人信息易泄露
⑤可能会被篡改
我们要不要试试看新的记账方式？

区块链
我们各自准备一个账本。
每发生一笔交易，都用喇叭通知整个村子的人。
然后每个人都把账目记下来。
这样我们每个人都有一本标准的账目。
有点意思。
好耶！
听起来不错呢。
那就试试看吧。
去中心化
这样，一套新型的、去中心化的记账体系就形成了。
①在这里，每个人的账本都可以被视为一个节点。
②而账本的每一页，都可以被视为一个区块。
③把这些区块按照时间顺序前后连接起来，
一条链条就形成了。
每个节点上，都有一条完整的链条。
这就是我们所说的区块链。

如果想修改区块链中的信息，必须征得半数以上节点的同意并修改所有节点中的信息，而这些节点通常掌握在不同的主体，即服务器手中。

只要整个系统中有一台服务器可以工作，整条区块链就是安全的。因此，篡改区块链中的信息是一件极其困难的事。

综上所述，区块链的几个特点一目了然：

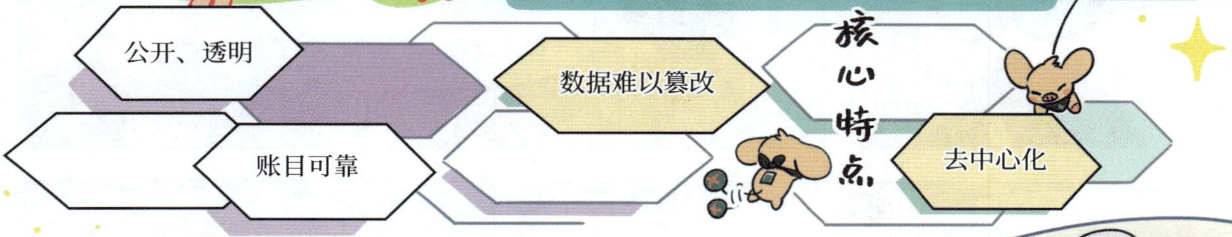

NFT

NFT 是“Non-Fungible Token”的缩写，意为非同质化通证，指的是被记录在区块链网络里的、具有唯一性特点的可信数字资产凭证。

* 指个人档案中没有留下行事作风不道德的记录，遵守社会规范，具有尊重他人、诚实守信、关心他人等美德。

没有券的话要怎么见到女皇呢?
看到那个雕塑了吗?
它的下方是元脑事务所,
所有跟女皇相关的事务都可以在那里办理。
在那里提交申请，审批通过就能和女皇见面。
正常情况下，申请与女皇见面是需要排队的，审批的流程也比较烦琐。
而奖券则类似于快速通行证。
只需持有即可见到女皇，没有别的条件限制。

西娅，你先拿去用吧，
你的事比较着急。
不。
你爷爷给你准备好了奖券，肯定是有原因的。
说不定有很重要的事，
不能因为我而耽误。
那你的家人……
我可以再想想别的办法，
你已经帮了我很多了。
可是……
别“可是”了，
没事的。

你们就别争了。
小诺的心意已经传达到了，西娅也有自己的考虑。
嗯嗯
更何况，
小诺快点找到爷爷，还能早点回来帮西娅。
西娅，小诺去见女皇的时候我陪你一起想办法吧。
好。
其实……
如果不是非要见到面的话，
倒是还有个办法。

今年新出了一种通话券，
可以与女皇进行语音通话。
如果没有当面沟通的
需求，可以用通话券。
思索
可以。
跟见面券一样，女皇通话券也是
以隐藏彩蛋的形式发放的。
不过数量多一些。

每个月发放 5 张，
有效期也是一年。
可不知道这些通话券都
在谁手上……
苦恼
在区块链上查一下就知道啦！
去 NFT 交易中心正合适，
可能会有人在那里
转卖通话券。
对哦！
太好了！那我们
快去看看吧！

哇哦！
PIXEL
ZOO TV
%OFF
喧闹
喧闹

热门商品推荐
80S ONLY
TOP
¥ 5000000
Hot!
-50%
限时促销
-30%
NEW
往这边走。
来了！

ZOO TV
+20
50w
x5
+60%
x3
拍卖中心
+300
x4
+100
x2
+50
+20%

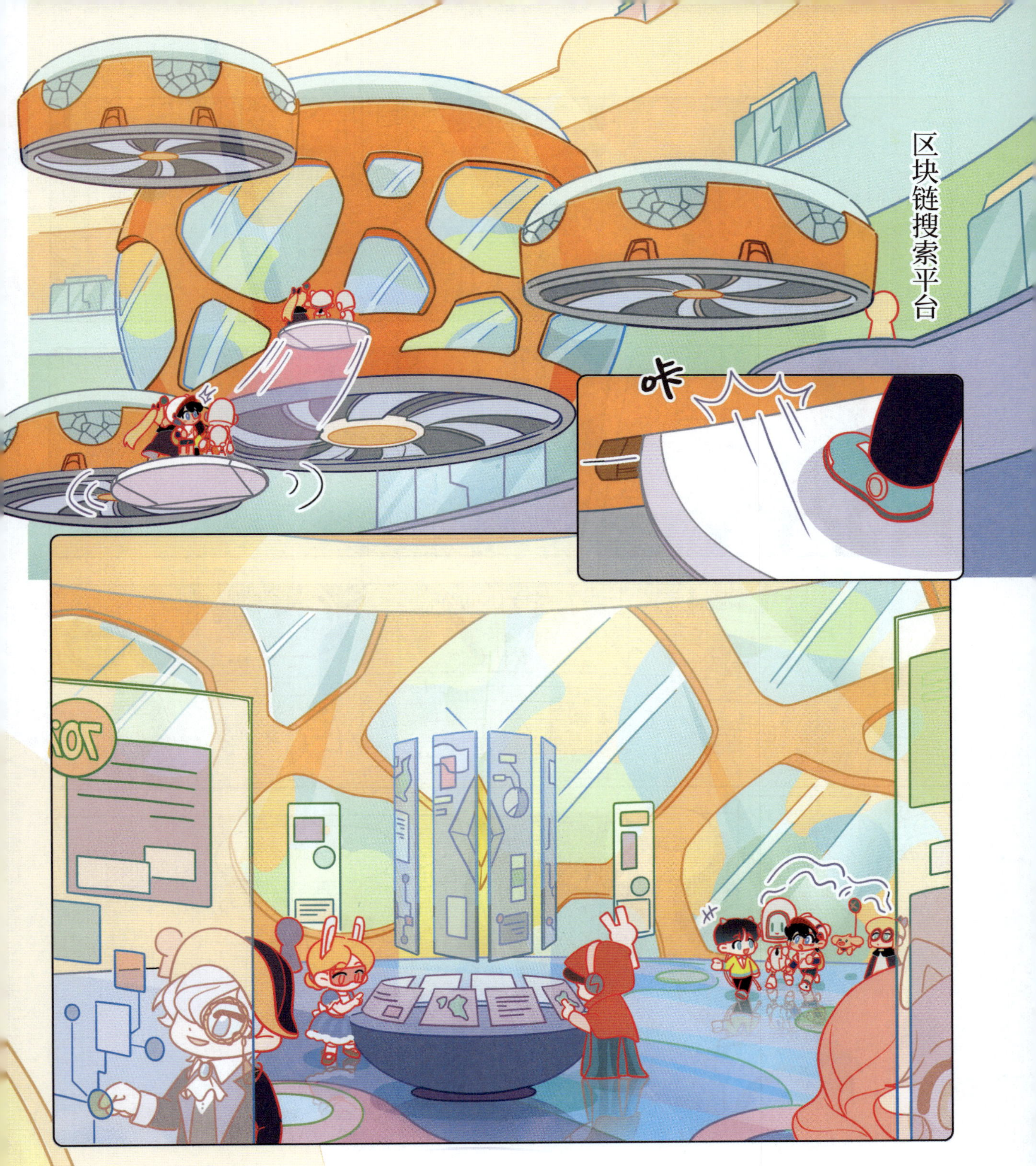
区块链搜索平台
咔
70i

嗒嗒
嗒嗒
站定
咔嗒
咔嗒
咔嗒
咔嗒
查到了。
怎么会……

0/2
Out of Stock
等我一下。
咔嗒
咔嗒
咔嗒
噔
卢浮宫扫地僧
去外观大厅。
区块链显示这个通话券持有者十分钟前刚买走了一个高柯机 * 的限定皮肤，
现在赶过去说不定还能碰到。
嗒
嗒
嗒
嗒

* 元宇宙世界特有的品牌。

外观大厅
外观大厅
嘀
嘀
我把高柯机限定皮肤的图片发给你们了。
外观大厅很大，我们分头去找吧。
一会儿在群组里联系。
啪嗒
啪嗒
好！

喧闹
1960s
NEW
VICTORIA

Pet
布丁，
我们一会儿再来逛好吗？
噜噜
先找人。
12:30
咦，这不是……

嗯？
对对对……
对、对不起！
嘀嘀嘀嘀
我这里也没有。
找到了，门口见。
不好意思，我认错人了。
……
嗒嗒嗒嗒
喵呜

嗒嗒嗒嗒嗒
就像刚刚所说，
希望您能出售一张通话券给我们，价格可以商量。
我不缺钱。
不过如果你们有什么有趣的东西，可以拿来跟我交换。
LOADING
比如——

这只宠物猪。
扑
别担心。
抱歉，布丁是我的家人，
不能交换。
那可能没法达成交易了。
挪
没事，不会用
你来交换的。
对不起，先生，
看来我们的交易没法继续了。

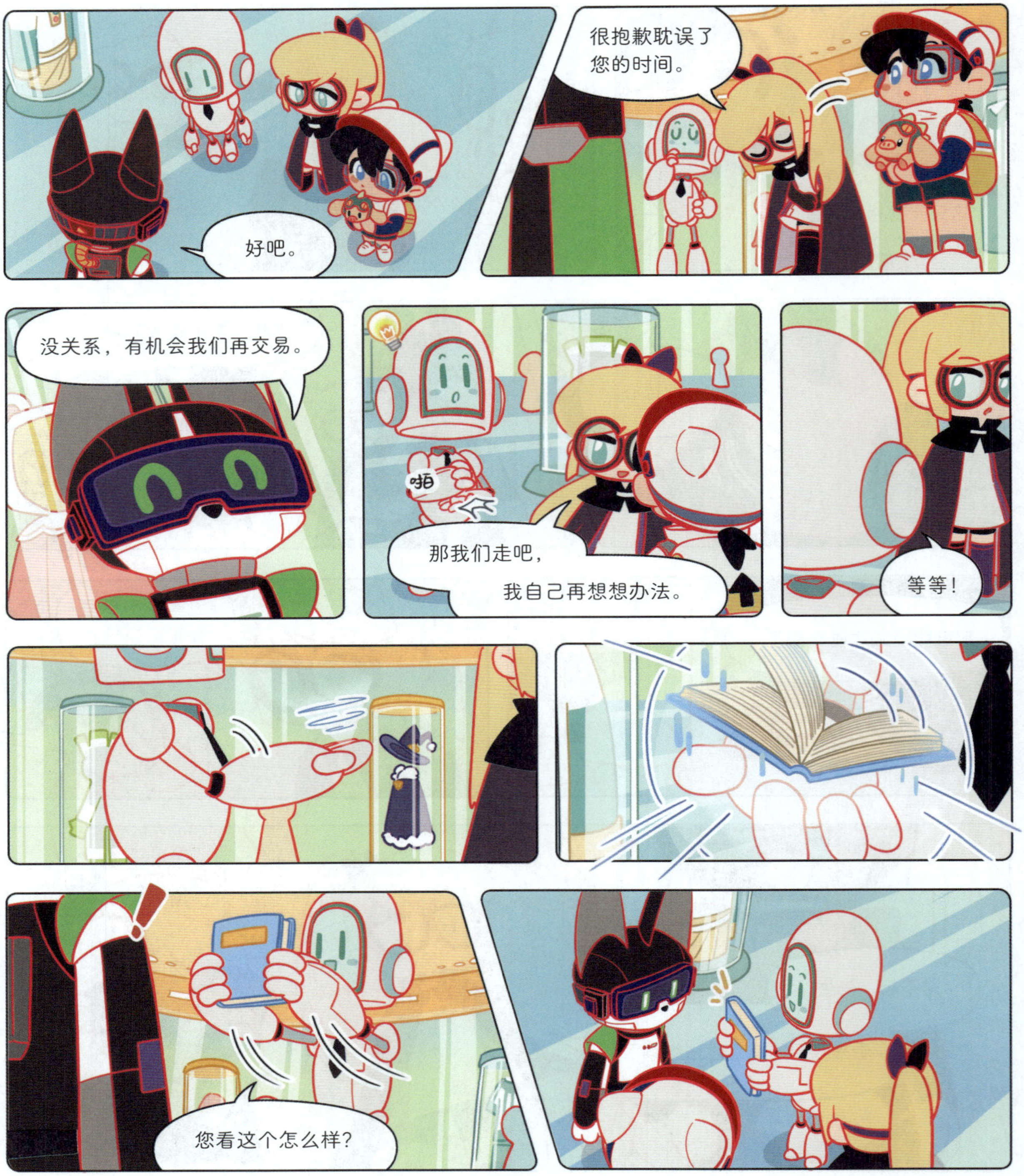
好吧。
很抱歉耽误了您的时间。
没关系，有机会我们再交易。
啪
那我们走吧，
我自己再想想办法。
等等！
您看这个怎么样？

冷笑话大全
哦?!
噔噔
啪嗒
啪嗒
喧闹
嘈杂
转让成功!
女皇通话券
NO.00037
CALLING THE EMPRESS
这个给您。
READING
太好了，现在我们可以一起去找女皇了!

未来，我们快走吧。
嗒
嗒
嗒
卢浮宫先生，我们还有急事，得马上离开。
没事，交易完成了，
你们随意。
那我们就先走了。
啪嗒
卢浮宫先生，
今天谢谢你，
有机会再见！

等我一下——
嗒
嗒嗒
嗒
嗒
居然这么容易就交换了。
啪嗒
啪嗒
啪嗒
之前我看他的信息里提到，
他在收集世界各地的笑话。
冷笑话也算啊……
不过，未来，你怎么会有这个？
我也想变得有趣些嘛。
方向搞错了吧。

都差不多嘛！
……
哈哈
哈哈哈
哈哈……
欸？
卢浮宫先生！
下次见！
有趣。

第八章　面见女皇

啪嗒
终于回到这里了。
那里就是元脑事务所。

你们就自己进去吧。
里面会有专门的代码引导你们。
我先走一步，
就不再陪同了。
啊——
那我们之后还能再见到你吗？
虽然元宇宙很大，
但我相信，
有缘的话，我们还是能够再见面的。

再见了。
哔

啪
啪
好了，我们还有更重要的事要做。
嗯！
元脑事务所

怎么一个人都没有？
好像会有专门的代码
来引导我们。
啪嗒
啪嗒
啪嗒
哇哦——
啪嗒
啪嗒
啪嗒

啪嗒
嗡
SAY
你好?
闪动

您好，请问要办什么业务呢？
请问哪里可以兑换女皇见面券？
还有通话券！
……
……
呃……
女皇……
抖动
抖动
女皇见面券！
爆闪
这两个券无法同时兑换，
请问你们想先兑换哪一个？

点头
抓
先兑换见面券吧。

欸?
噜噜!
啊
啊
啊
啊
啊
啊
啊
啊
啊
啊
啊
啊
啊
嗡
嗡
唰

恢复平静
等他回来吧。

诺亚先生。
诺亚先生。
诺亚先生。
这是哪里？

这里是灵域。
那里就是女皇的宫殿。

我的朋友们呢?
他们在中心广场等你。
那就好。
不对，
布丁呢?!
见女皇前必须将所有物品
都存入道具箱，包括宠物。
已锁定
噼
嘟
操作界面也会暂时封锁。

那我的包？
也自动存入道具箱了。
啊……
爷爷的笔记本还在里面。
别担心，回到广场后
道具箱会自动解锁。
明白了。
哔
即将进入女皇的宫殿。

噼
啪
呼
呼
噼啪

噼啪
呼

噗
女皇陛下，这位就是今年的见面券获得者——
诺亚。

诺亚？
是的，女皇陛下。
这是……

诺亚，
现在可以告诉我，你为什么想见我了。
说出你的诉求。
我想请您帮忙查一下我爷爷在哪儿。
他让我来元宇宙找他，
可元宇宙实在太大了……
紧握
这张见面券可能也是他留给我的。
哦？你爷爷的名字是什么？
我爷爷叫**程旭源**！
程旭源！

你爷爷是程旭源?
是呀,
您认识他吗?
嗯。
我们是老
朋友了。
那您知道他在哪儿吗?
当然。
闪
闪
叮

咔啦
咔啦
后退
PORTAL ACCESS
ANYWHERE YOU WOULD
TO GO ANYWHERE YOU WO
ACCESS PORTAL ACCESS
PORTAL
ACCESS
好奇
?

你爷爷就在这束光连接的空间里，
只要你进去就能看到他。
哇！真的吗？
这也太方便了！
谢谢女皇陛下！

吱
吱

吱
吱

:\ ERROR
连接中断
重试
取消

第九章　内部世界

嗡
这是……
哪里？

喂——
有人吗?
唔——
嗡——
小诺。

爷爷！
我就知道你能找到我。
你真的在这里！
扑
呜呜。
爷爷，你怎么不说一声就走了？
信里写的急事是什么？
这里又是哪里？
你先跟我来，
我慢慢跟你说。
这里是须弥幻境，
元宇宙的核心区域。

看到底下的光点了吗？
那些都是传送点。
啊，我好像就是从那里面出来的。
对，须弥幻境的传送点连接着元宇宙内部的各个地方。
持有内部人员的特权卡可以随意通行。
嗡
来吧。
我可以带着你通过。
嗒

沙
啪
咦？我们这是……
?!
回家了？
你再仔细看看。
嗯？
看那里。
!
这个空间也是元宇宙的一部分。

只不过是用数字模拟技术把
我们的家一比一复刻了出来。
怎么样，
是不是一模一样？
是……啊。
吸
好像连味道都一样！
因为事先去扫描采样过，
声音、气味数据也会完整
搜集过来。

再加上有高级 VR 设备的辅助，
所以才这么逼真。
这也太酷了！
小诺。
爸爸、妈妈？

拍
点头
嗒
爸爸妈妈！

不对。
摸
摸
你们不会也是
复制的吧？
咚
哎呀！
说什么呢。
复刻的只有环境，
他们一直就住在这里。
我太惊讶了嘛。
都别待在门口了，
进去再说吧。

真的，一模一样……
四处打量
就连你们，好像也完全没变。
没想到会在这里见到你们，我一直在等你们回家。
我们当时想着会很快回去，就没告诉你。
没想到你自己找来了。
看到你变得这么勇敢，爸爸妈妈真为你感到骄傲。
嘿嘿，是因为有爷爷的笔记本的指引。

不过，
我们什么时候回家呀？
爸爸妈妈暂时还没法回去，
咔嗒
元宇宙的建设需要他们。
你就先在这里住下吧。
我们带你在元宇宙逛一逛，
顺便看看我们工作的地方。
太久没见了，我们也多陪陪你。
好！
慢慢逛，
这里可好玩了，
你会喜欢的。

明天早上醒来，你们
不会就消失了吧？
放心，我们就在
这里陪着你。
像梦一样……

唔——
爸爸、妈妈？
嗒
嗒
嗒
嗒
嗒
嗒
嗒
砰
爸爸！
妈——
妈？
吱呀

走，我们带你在元宇宙转转。
好！

ARK
AMUSE
10
11
AMUSE
MENT
AMUSE

Tasty!
LOAD

START
START
COTSAE

元宇宙也太有趣了，待在这儿也挺好的。
不过爸爸妈妈最近光顾着陪我玩，好像都没去工作。
没问题吗……
咔嗒
小诺，准备一下，
今天我们带你去一个特别的地方。
哦？

这里是达摩院，
是元宇宙内部的创造院。

这里会集着很多天才设计师，
元宇宙里面的各种设施场所都是由他们一点点设计并搭建出来的。
小心一点，可别掉下去了。

这一个个小房间就是
设计师们的工作室。

到了。
嘀
小诺，这个房间给你用。
?
爸爸妈妈需要忙一阵，
最近没办法陪着你。
这间设计室是专门为你申请的，
你可以趁这段时间体验一下
自由创作，很有趣哦。

我先带你熟悉一下房间。
数据灯
同步解析正在进行创作的内容，搜罗全球范围内的相关信息，并展现出来。
创作台
在这里可以进行创作，它也是创作室内所有设备的控制中心。
自主升降
灵感大屏
对查询到的资料进行分析，自动拼贴，解读设计亮点。
草稿纸供应处
无限生成草稿纸
废品回收处
自动吸入废品生成新能源。
时间毯
显示最近一次数据上传的时间。
UPDATE
09:48
立体成像仪
智能分析设计草图，直接生成立体模型。
投影孔
可放大细节并将其投影至背后的灵感大屏。
操作面板
观测台
然后是这里。
每个设计室里都有一个特定的传送门，
统一连接达摩院的预览室。
将设计文件上传。
咔嗒

上传中……
叮
【上传完成
好了，
跟我来。
这里就是预览室。
在这里，你会直观地看到设计最后变成实物的样子。
然后就可以通过观察和测试预览室里的样本，
来看看有没有需要改进的地方啦。

嗡
啪嗒
啪嗒
现在你可以自己试试看了，我们就先回去咯。
如果还有什么不清楚的地方，可以去问问其他设计师。
他们都很热情。
知道啦。
每天忙完，我们都会过来接你。
好。
那就开始吧！

一会儿就好。

完全专注

ideas

浪花朵朵

出发吧！小诺的AI大冒险

虚拟与现实的对决

张立波　武延军　赵琛　著　郑颖芝　绘

北京联合出版公司
Beijing United Publishing Co.,Ltd.

图书在版编目（CIP）数据

虚拟与现实的对决 / 张立波，武延军，赵琛著；郑颖芝绘. -- 北京：北京联合出版公司，2025. 5.
（出发吧！小诺的 AI 大冒险）. -- ISBN 978-7-5596-8355-7

Ⅰ. TP3-49

中国国家版本馆 CIP 数据核字第 202592Q9L4 号

虚拟与现实的对决

著　　者：张立波　武延军　赵　琛
绘　　者：郑颖芝
出 品 人：赵红仕
选题策划：后浪出版公司
出版统筹：吴兴元
编辑统筹：郝明慧
特约编辑：潘　萌
责任编辑：杨　青
营销推广：ONEBOOK
装帧设计：墨白空间・黄海

北京联合出版公司出版
（北京市西城区德外大街 83 号楼 9 层　100088）
北京盛通印刷股份有限公司印刷　新华书店经销
字数 12.5 千字　787 毫米 ×1092 毫米　1/16　37.75 印张
2025 年 5 月第 1 版　2025 年 5 月第 1 次印刷
ISBN 978-7-5596-8355-7
印数：1-10000 册
定价：99.00 元（全 5 册）

第十章　疑点重重

几天后……
啪嗒
啪嗒
我昨天看到家里的光刻机也被复制过来了，能用吗？
吱呀
当然能用啦。
不过在元宇宙内做出来的东西是没法带出去的。
啪
嗒
嗯，这个我知道。
那你们能再教教我怎么用光刻机吗？
之前我自己用的时候有一些地方还是不太清楚。
可以是可以……
那我先去戴个手套！
噔
噔
噔
噔
噔

可以开始啦！
爸爸、妈妈？
怎么啦？
咔
嗒
我在外面看你们站在这儿
一动不动好一会儿了，
发生什么事了吗？
今天怎么想起来
到工作间了？

爸爸妈妈说可以再教我用一下光刻机。
可他们突然就站着不动了。
……
爸爸妈妈最近工作太累了，需要休息。
啊……
好啦，
听说你最近又做了很多新设计，给我讲讲呗。
可以啊，
不过爸爸妈妈……
没事的，他们休息一下就会好了。
好吧……

啪嗒
啪嗒
啪嗒
我们快走吧。
抖动
吱
吱

我的设计差不多
就是这样了。
翻看
成长飞快啊小诺，
没想到你这么有设计天赋。
整理

达摩院的设计师们
也帮了我很多。
放下
起身
时间差不多了，
今天你早点休息吧。
好……
啪
叽叽
啾啾

爸爸妈妈，我们现在去……
有急事需要你们去处理一下。
打断
爸爸妈妈，今天我们直接去工作室吧！
突然出现
小诺，你再给我讲讲之前那个设计呗。
啊，好……
使用中
数据维修中……

不对劲。
还是不对劲……
呼！
也许是我想多了呢。
不行！
我得找爷爷问清楚。

咚
咚
咚 咚
小声
爷爷，你在吗？
咚
咚 咚
爷爷。
嗯？
爷爷？
咚
咚 咚
奇怪了，这个时间
他应该还没睡呀。
数据
维护中
我进来咯！
咔嗒
咦？

人呢？
特权卡！
那爷爷应该还在家里……
也许去工作间了吧。
咦，之前这里
有照片吗？
等等！

那个时候布丁明明
还没来我家呢……
拿起
碰
爆闪
唔

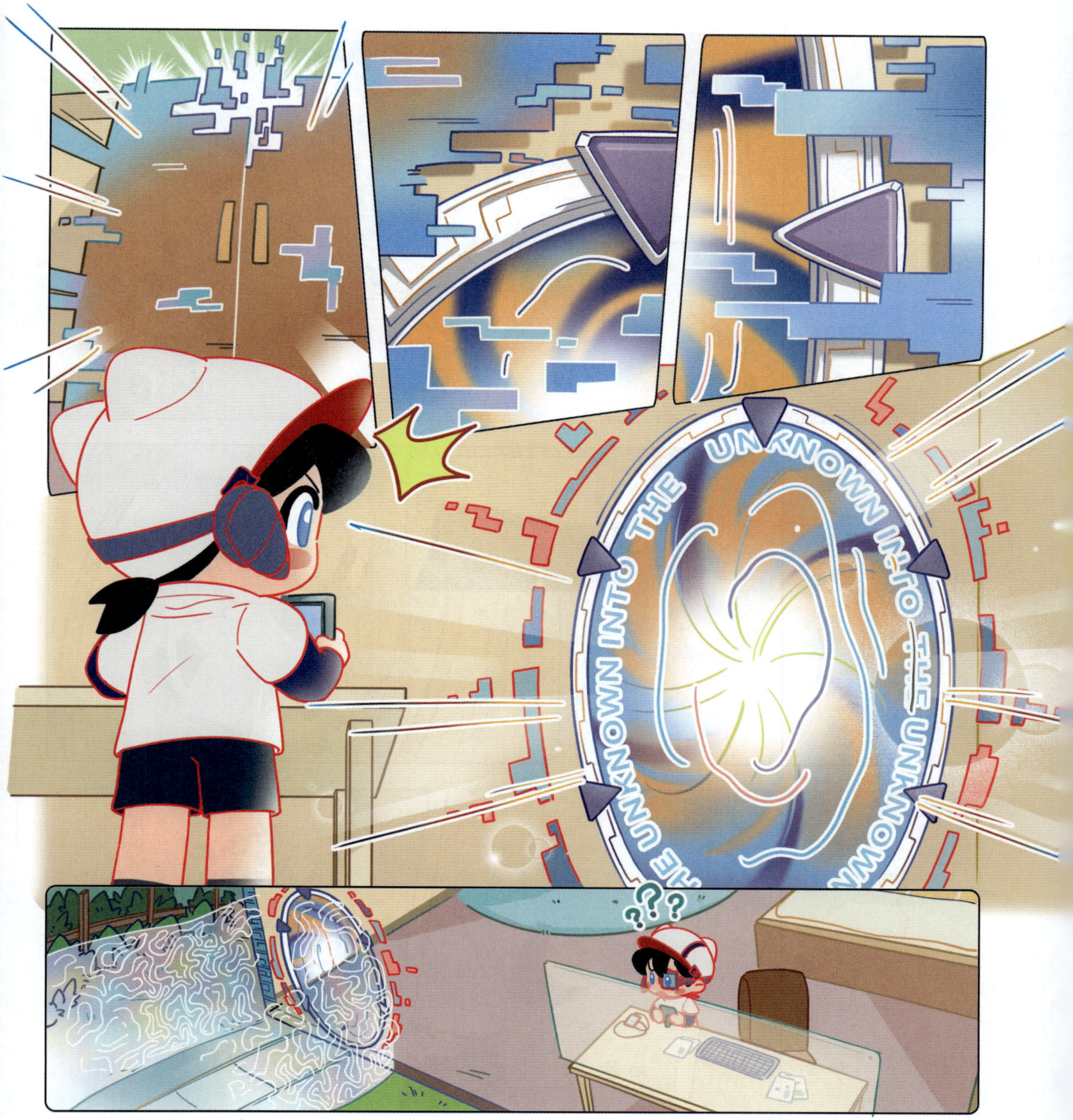
THE UNKNOWN INTO THE UNKNOWN INTO THE UNKNOWN
???

咔嗒
INTO THE UNKNOWN INTO THE UNKNOWN INTO THE
?
啪嗒
啪嗒
啪嗒
啪嗒

嗒
嗒
嗒
嗒
放慢脚步

波动
?!
啊
四处
查看

……
确认方位

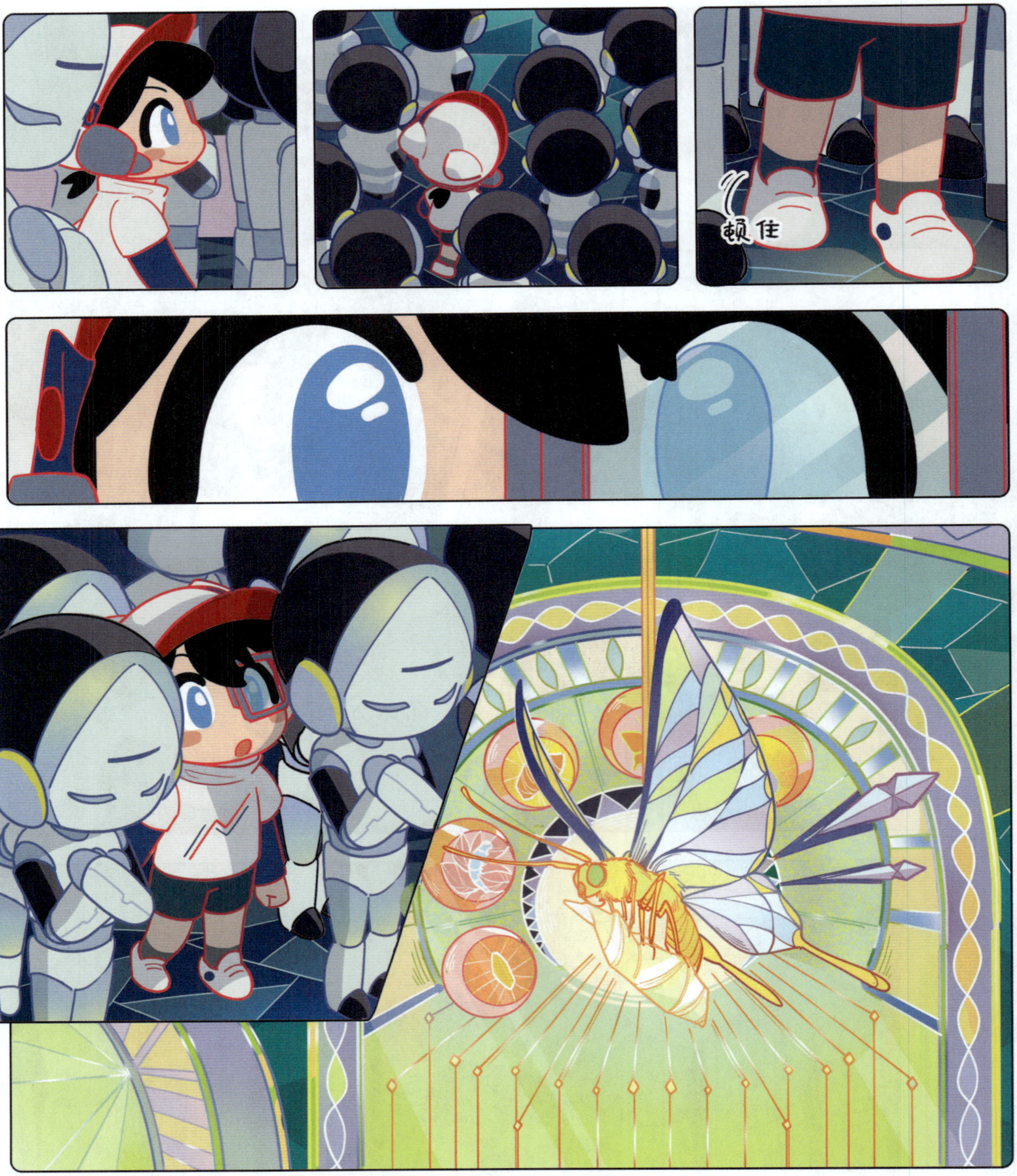
顿住

那是什么……

儿子
121/82 36.8
儿媳
孙子
宠物
爷爷！
这是在做什么?!
怎么会有这么多“影”在这里?
程旭源
儿子
儿媳
孙子
宠物
现在到底是什么情况?
等等，
那里好像还有……
擦身

是爸爸妈妈！
不对。
这个身体……是人偶？
啪嗒
啪嗒
啪嗒
啊唔……
后退

哐当
睁眼
END
孙子
小诺，你怎么来了？
快到爷爷这里来。

啪嗒
嗯?
啪嗒
嗡——
是“影”!
啧
追!

嗒 嗒
嗒
嗒
欸
嗒
嗒 嗒 嗒
嗒 嗒 嗒 嗒
嗒 嗒
别跑！
嗒
嗒
嗒 嗒
嗒
嘻
怎么可能
不跑啊?!
嗒
嗒 嗒
嗒

嗒
嗒嗒
咚
咚
啪
啪
啪
咚
嗒
嗒
咚
啪
咚
咚
咚
嗒
嗒嗒
啪
咚
咚
啪
咚
嗒
这一切究竟是怎么回事啊啊啊啊！
咚
啪
咚
嗒嗒
嗒
嗒

嗒 嗒
!
刹住
嗒
啊!
没路了……
嗒嗒嗒嗒嗒
不好了！那孩子不在模拟空间里……
了。
嗒
呃。
发生什么事了？
嗒

咚啪
嗒
嗒嗒
嗒
嗒
还愣着干什么，快拦住他！
是……
是！
唰
嗡
哈啊
呼
呼
呼
哈啊
呼
哈啊
哈啊

咦?
他们没有
追出来?
出口消失
现在怎么办，
没有特权卡就没办
法打开传送通道。
不逃走的话，一会
儿他们就该找来了。
早知道那时候应该
直接带上特权卡。
啪
欸?!

第十一章　真相

站稳
西娅?
松开
还有……
未来!
你们怎么会在这儿?

嗯？
吓我一跳，
还以为是“影”……
小声
这是哪儿？
这里是我搭建的临时空间。
咔嗒
目前是隐藏状态，
比较安全。
只要我不主动开放权限，外面的人就发现不了我们。
好酷！

这个空间出现的时
机真是刚刚好。
你们知道我
见到谁了吗？
是“影”！
女皇让我见到的
爷爷居然是假的！
是“影”变的。
真的爷爷应该被他们关起来了。
被我发现后，“影”就来抓我了。
还好你们及时出现，
带我躲了起来。

太可怕了，
怎么会这样呢？
女皇也被“影”骗了吗？
事有蹊跷。
咔嗒
我们就是因为这个来找你的。
当时你去见女皇，好久都没回来……

所以我和未来商量了一下，为了不耽误时间，先把通话券用了。
居然真的可以和女皇通话，并没有跟你的见面券冲突。

和女皇通完话之后，日月军很快就来找我了。
我由他们带着，很容易就见到了我的族人。

欸——这么容易就见到了?!
他们都还好吗?

继续听我说。
哦。
跟我想象的完全不同，他们被安排在了一个大大的办公楼里。
日月军的人让哥哥带我进去参观一下，
没有一同进去。

办公楼里的环境很好，有很多休息区。

大家看起来都很开心。

哥哥说，族人们主要负责元宇宙的美化工作，不会太累。
因为刚到这里时工作很多，就没来得及联系我。
唔，来不及联系……
我问哥哥“影”的事，他说“影”把他们带到元宇宙就离开了。
后来，女皇出现，给他们安排了工作。

很快我们就参观完了。
哥哥说等他们手上的工作做完就回去找我。
然后我就跟着日月军离开了。
啊？你就这么回来了？
怎么感觉哪里怪怪的，虽然你哥哥说了会回去找你……
对了！你们的家，
不是被“影”给破坏了吗?!
是的，事情远没有这么简单。

其实一见面，哥哥就暗示我……
啊，西娅，有段时间没见了。
让我看看你是不是又长高了。
fake
刚刚那是……
*fake：假的。
什么意思？
什么是假的？
?
走，我带你进去转转。
摸摸
他应该是想悄悄告诉我什么。

参观过程中，哥哥一直都在说他们过得多好，解释了失联的原因，却没给我进一步提问的机会。
那会儿事情太多了，就忘了你还在家呢。
怎么会，我们家不是……
打断
你看这个。
其实他的说话方式非常不自然，很多回答也不合理。
嗯？哪里？
而且，我总觉得，
从进入办公楼开始，就一直有人关注着我们。
怎么了？
没什么。
但我又什么都没发现，还以为是自己想多了。

直到——
你们不是被“影”带走了吗？后来怎么样……
了？
我明显感觉到了一道很有侵略性的视线。
西娅，抽一张。
我逐渐意识到，
“影”只是把我们带来这里，
在我们见到女皇后就离开了。
他们应该没什么恶意。
哥哥说的“假”，
可能指的是我面对的这一切都是假的。

……
所以，尽管我急切地想知道这一切究竟是怎么回事，
但也没有多问，尽量配合哥哥。
直到参观结束，我即将根据指示离开。
哥哥给了我一张卡牌。
刚刚看你挺喜欢这个的，留着当纪念吧。
可以吗？

仅此一件，下不为例。
好！
日月军并没有发现什么端倪，
就同意我把卡牌带走了。
那我就先回去等
你们咯，再见。

就是这个。
这是……
特权卡?!
你怎么会有这个?
欸?不对。
你不是说你哥哥给你的是一张卡牌吗?
是卡牌。
和日月军分开后,我立马把事情的经过告诉了未来。
!
!

未来认为我判断得没错，他也觉得其中另有隐情。
于是，我们找了个人少的地方仔细分析事情的经过。
根据哥哥留下的提示词“fake”以及“族人们”的怪异表现，
我们推断日月军有可能是假冒的，“暗”组织已经渗透进了元宇宙。

我们仔细查看了那张被我带出来的卡牌，
果然发现了其中的端倪。
牌上被施加了一道只有显卡一族能看出的封印，外族人没法看出来。
这是一种罕见的加密手段，连我们都不会轻易使用，想解开也要费一番功夫。
还好有未来帮忙。
没过多久，我们就看到了哥哥封印在卡牌牌面下的东西。
抓
哥哥给我的是一张特权卡，未来认出了它。

了解了特权卡的用途后，
我更加确定了自己的判断。
哥哥肯定不会平白无故给我这样一张卡片。
他应该是想让我用
特权卡去做些什么。
而先前的一切都是在通话券
的引导下进行的。
自然而然地，
我们有了一种最坏
的猜测——
女皇遇害了。

那么与女皇见面的
你就可能有危险了。
况且你这么久没回来，
我们也不知道到底是
什么情况。
当务之急，就是先找到你。
然后我们一起讨论对策。
咔嗒
咔啦
欢迎下次再来。
是不好玩吗？看来
需要扩展地图了。

还好你之前在 NFT 中心给布丁买了一件衣服。
区块链搜索平台
我们直接追溯拥有者，
很快就找到了你的位置。
查找
IP位置记录
9:13
须弥幻境
须弥幻境
须弥幻境
10.1 须弥幻境
须弥幻境
不过奇怪的是，
记录是断断续续的。
只显示了须弥幻境的部分。
我们决定分头行动。
未来利用特权卡在你经常出现的地点附近搭建一个临时空间。

我留在区块链搜索平台，时刻关注你的动向。
一旦得知你的位置，我就通过传送门去找你。
但你的身边一直有人在。
还是不行……
不知道那些人会对你做什么，我不敢贸然行动。
终于，我们看到，你慌张地跑到须弥幻境，不知在躲什么。
后来的事你就都知道了。

难道……
你见到的族人也都是假的？
女皇真的遇害了？
族人？
?
族人没问题，他们都还是原来的样子。
那可不一定，
我还见到了假的爸爸妈妈呢。
开始我完全没发现……

如果不是因为我想学着使用光刻机，让他们露出了破绽，我可能现在还蒙在鼓里呢。
那我的族人也许也是假的……
可是完全看不出来。
无论是“影”假扮的爷爷，还是由人偶直接生成的爸爸妈妈，
就是说啊！
不只是外观一样。他们的动作、声音、神态、说话方式、语气……
都跟我记忆里的一模一样。
到底是怎么做到的？
深度伪造。
嗯？
他们应该是使用了深度伪造技术。

深度伪造
是什么？
深度伪造（Deepfake）是一种利用人工智能技术和深度学习算法，将原本的图像、视频、音频等合成、修改、替换，制造出全新的、虚假且具有欺骗性视听效果的技术。
最常见的深度伪造是 **AI 换脸技术**，
此外，还有语音模拟、人脸合成、视频生成等。
举例
它的出现使得篡改或生成高度逼真且难以甄别的音频、视频内容成为可能，观察者最终难以通过肉眼分辨真伪。
光看字面意思，深度伪造其实由两部分组成：
Deep
（deep-learning）
深度学习
Deep fake
fake
虚假、伪造
利用深度学习算法，
实现音频、视频的模拟和伪造。
* 在本作中呈现为对实体人物的伪造。

样本采集
信息提取
数据分析
数据收集
算法运用
深度学习
伪造
复制中……
模型导入
资源替换
信息合成
数据覆盖
新内容生成

技术应用
深度伪造技术在部分行业已经得到有效应用。
教育
仰观宇宙之大
俯察品类之盛
虚拟教师让数字教学更具**互动性**和**趣味性**，部分情境下也能让学生更有**代入感**。
影视作品
没想到还能在这个系列里见到他！
深度伪造技术可以让电影、纪录片等艺术创作**突破时空的限制**，以更真实的方式呈现；部分情况下还能让**观众的情怀得到保障**。
娱乐
她的声音太甜了！
STAR
虚拟主播、虚拟偶像等角色的出现，可以让人们**突破外表的限制**，尽情展示自己的才华。
“再见”大师
1.2W
大师讲解
情感疗愈
妈妈！
03:54
这方面仍**存在争议**，有人认为这个行为是在消费逝者。
依托深度伪造技术的数字再生对部分**心理疾病的治疗**也有正向作用。作为**情感寄托**，它能够抹平人们因接受不了亲人的离去而产生的执念，抚慰人们在失去至爱后饱受折磨的内心。

风险及隐患
深度伪造技术的应用虽然具有一定的正面价值，但潜在的负面影响也不容忽视。
但是
威胁国家安全和公共安全。
开战！
啊？
给个人和企业带来损害。
引发社会恐慌和信任危机。
难说啊。
这不会是假新闻吧？
警示
针对以上情况，我们需要加强监管和防范措施，以确保深度伪造技术的健康发展并维护社会的稳定和公共利益。
应对方式
首先，需要开发有效的检测方法，以识别出深度伪造的内容。
其次，需要提高大家对深度伪造的了解和警惕性，以免受到虚假信息的误导。
最后，还需要加强法律法规的制定和执行，对利用深度伪造技术从事非法行为的人进行惩罚。
噜噜！（没错！）

所以，那个时候，哥哥在我背上写的“fake”指的可能是深度伪造技术。
那我见到的族人大概也是假的了。
不过就算知道了他们会伪装成我们熟悉的人，我们又能做什么呢？
对了，原本那张卡牌还在吗？
女皇应该是没法被复制的。
看来我们还是得见她一面。
卡牌本身可能还有什么信息。
啊！
我把这个给忘了。
K
你看。

这是……
黑桃K？
上面的人是谁？
我们也不认识。
把封印解开后，卡牌就变成了这样。
可能是这张卡牌原来的样子吧。
唔……
现在确实没法认定它有什么特殊含义。
也可能只是根据目前的信息我们没法判断，
再一起去探索一下，说不定就能发现新线索了。
给。
小诺，感觉你变得成熟了许多呢。

什么成熟呀……
我只是在分析各种信息后
得出可能的结论而已啦！
那么，
现在我们要怎么做呢？
或许，我们可以再去模拟
你家的那个小屋看看？
那个小屋应该是“影”特意
搭建出来的，可能会有危险。
要不我们先从元宇宙
出去再想办法？
会不会耽误时间？
唔，这个嘛……
扑通

我们一直待在这里
真的没问题吗?
这个空间确定能保证我们
完全隐藏，不会被找到吗?
这种形式……
总觉得好像在哪里见过……
没问题的，
除非我主动把
状态改为可见。
啊
元素视野!
就连图标都很像。
元素视野也是关闭
后就看不见了。

嗯?
我们可以试试
开启元素视野,
多一个视角说不定
会有新发现。
说到这个,
西娅,未来,你们能帮
我把操作面板解锁吗?
见女皇时整个操作面板
都被强行锁上了。
布丁也被收进了道具箱,
直到现在都没能出来。
我应该可以帮忙,
西娅,你帮忙
加速一下。
好。

1011001010
1011001010
咔
嗒
吱
吱
吱
吱
好了。

我试试看。
咦?
真的能打开了。
噜?
噜!
噜噜!
噜噜!
噜噜!
噜噜噜!
噜噜!
好啦——
别担心，我没事的。

原来在道具箱里也能
看到外面发生的事啊。
噜。
布丁，好久
不见。
噜噜——
既然操作面板已经解锁，那我试试
开启元素视野。
快！
你们快把元素
视野打开！
你发现什么了吗？
这是……

果然留下了额外的线索啊。
等一下。

计算机内部世界对宠物而言还是有些危险的。
它们的精神内核很可能会受到计算机内部复杂信号的干扰，
从而出现混乱。
正因如此，布丁之前才会被强制收入道具箱。
要不还是把它收回道具箱？
我们一会儿不知道会去什么地方，万一影响到布丁……
噜！
噜噜，噜噜，噜——
它说想跟我们并肩作战。
布丁，你安全我们才能放心呀，
就回箱子里好不好？
那是不是可以让布丁单独待在一个可移动的外部道具箱里？

用一个容器裹住布丁，
上面附上与道具箱一致的数据，就能形成同样的保护屏障了。
唔……
好像真的可行。
不过现在哪来这样一个容器呢？
我倒是有个背包。
不过如果装进包里，那跟待在道具箱里也差不多了。
还可能更难受。
可以不完全包裹，
只要实现三分之二的覆盖面，能容下整个道具箱的数据量就可以了。
好，那我把背包拿出来。
对了。
如果不需要完全包裹……

那这件衣服，
是不是也可以？
我试试。
好啦！
给。
噜噜！

现在准备得差不多了。
那我们出发？
走！

咦，
这不是……
达摩院吗?!
不过，这条线索的意思
难道是——
让我们跳下去?
噜噜!
有没有可能是陷阱?
按照之前的推断，
应该没问题。
就是不知道会
通往哪里。
我先下去吧，
如果有问题，我们就
第一时间开启传送门。
噜!
西娅!

跳下

啊
啊
啊
啊
哇

快到尽头了。
落地
咚
啪
怎么回事？欸?!
哎哟

哎哟，好痛。
这边居然也是地面……
噜噜
我们这是……
到了哪里？
VIII

达摩院的下方居然连着这么一个地方。
嗯？
卡牌上的线索断了。
那看来就是这里了。
嗒
嗒嗒
我去前面看看。
嗒嗒
你们快来！

走，
我们进去看看。
他们是在办公吗？
咔嗒
咔嗒

咔嗒
他们也太专注了，
居然完全没人注意到我们。
咔嗒
咔嗒
他们的任务似乎很重。
咔嗒
咔嗒
而且大家看起来都很累，
难道没有休息时间吗？
可不管怎么看，这里都只是一个办公场所。

哥哥为什么会引导我来这里呢？
会不会是想让你去找卡牌上的这个人？
欸？
确实有这个可能。
那我们……
嘟
嘟
嘟
嘟
嘟
嘟
嘟
嘟
嘟
嘟
嘟
嘟
嘟
嗒
嗒
嗒
嗒
嗒
嗒
嗒
嗒
嗒
嗒
咔嗒

静——
这是怎么了？
说回找人。
这里这么大，
要不我们分头行动吧？
可以呀。
我们目前在第一通道。
我刚刚注意了一下，这里一共有 8 条通道。
我们可以先一起把这条通道找完，
然后每个人依次找两条通道。
1
8
7
6
2
5
3
4
最后在第八通道会合，怎么样？
8
好。

—建设中—

嘀嘀嘀嘀嘀
……
你们快来第四通道。
嗒
怎么样，是找到卡牌上的人了吗？
嗒嗒嗒嗒嗒
呃。
这位是……
他就是我提到的哥哥。
咔嗒
咔嗒
咔嗒
你们好。
你好。

你就是程诺吧。
我听西娅说了，是你发现了我留下来的线索。
我只是刚好想到……
还有未来，
谢谢你对我妹妹的照顾。
别客气，我们早已经是朋友了。
刚刚我从哥哥那里了解到了一些新情况，
关于卡牌上的人……
还是我来说吧。
这个人是K。
他就是这一切的始作俑者。
你见到的女皇，
其实只是K创建的元宇宙管理者的对外虚拟形象。
K是女皇背后真正的操控者。

这个空间里的所有人都是K找来协助他建设元宇宙的。
或吸引，或说服，或强迫……
只要他需要，
他就会想尽一切办法把人带到这里，为他做事。
如果只是为他做事也就算了。
毕竟建设元宇宙确实是个有意义的大项目，
许多人都感兴趣。
但是，
他最大程度地压榨每个人，不断施压。
每天都安排超负荷的工作内容，
无尽的待办清单。
达摩院里所有的设计构思，
每一张图纸、每一次操作，
都是由这个空间里的人即时实现的。

K还以家人作为威胁，阻止大家离开。
如果拒绝执行任务，
就会被他惩罚。
也有人想悄悄逃走。
但事情远没有那么容易。
在严密的监控下，逃跑的人很快就会被发现。
最终只会带来惩罚。
并且还会使K一次次地加强禁制，变得更加严格。
多重监控系统严密地监视着每个人的一举一动，
稍有松懈，就会立马被发现、上报。
严格的管理制度中有一点最让人难受，
就是这里不允许私自离开工位。
所以，
长时间待在高压密闭环境之中，大家的精神逐渐濒临崩溃。

最后还是你爸妈帮忙申请到了每日自由活动的时间。
不知道他们是怎么说服 K 的……
我爸妈?!
他们也在这里吗?
别急，马上就要说到了。
虽然管理依旧很严格，
任务量也还是那么多。
咔嗒
但大家多少有了一点喘息的空间，不至于崩溃。
元宇宙建设还是在艰苦地进行下去……
休息啦?
是呀……嗯?

西娅想要求助的日月军，其实是“暗”组织在元宇宙中的身份。
“影”和日月军本就是同一批人。
只不过他们会根据任务需要，
以两种不同的对外身份为K做事。
他原本也是“暗”组织的一员。
啊？
怎么会?!
小诺，程旭源是你爷爷吧？
嗯？是的。
事实上，“暗”组织的核心就是最早参与元宇宙建设的那一批人，
元宇宙的雏形就是他们共同搭建出来的。

在搭建元宇宙的雏形的过程中也有新人加入。
大家分工合作，慢慢形成了一个完整的建设团队。
也就是后来的“暗”组织。
K 做主导，其他人一直从旁协助，从未离开。
可是你刚刚说的是“原本”。
也就是说小诺的爷爷现在已经不在“暗”组织里了，是吗？
是的。
大概是十年前，小诺的爷爷离开了组织。那个时候的 K 还不像现在这么专断。
那时他还会尊重大家的个人意愿。
十年前……
噜——
噜噜。
那时候你刚出生吧？

对你爷爷来说，更重要的是陪你长大。
不过就算已经离开了这里，
你爷爷也会远程帮忙处理一些事情。
原来那时候，他是因为这个来的。
有需要他到场处理的事务，他还会特意跑一趟。
不过后来因为与 K 理念不合，你爷爷越来越少参与元宇宙的建设了。
你知道的好多啊……
这都是你爸妈告诉我的。
终于说到了！
因为你爷爷的关系，
你的爸爸妈妈中途也加入了建设元宇宙的项目。

不过，他们一开始只是做硬件相关，芯片生产什么的。
啊，这个我知道。
但其实他们和你爷爷一样，都是很优秀的计算机软件工程师。
随着元宇宙建设的进一步推进，K需要的人才越来越多。
他招揽人才的方式也变得越来越激进。
所以当K再次派人去纠缠你爷爷的时候，你爸妈就直接代替他过来帮忙了。
后来就被困在了这里。
我刚刚已经找了，三条通道都没看见他们啊。
在第八通道，
那里都是专门负责为元宇宙编写具体运作方式的人。
那我现在就去找他们！

咔嗒
??
压低声音
其实你爸妈，
停顿
还有其他一群人……
利用休息时间悄悄地做了一个装置出来。
更加小声
装置？
对。
好像是一个专用的临时信号屏蔽装置，可以在短时间内摆脱 K 的控制。
具体的操作方式和注意事项得去问制作它的人。
懂了！
好了，
我的休息时间也快要结束了。
得赶快回去了。

那我就先走了。
相信我们很快就能再见面的。
哥哥……
事不宜迟，
我们快些行动吧。
好。
咔嗒
咔嗒

爸爸！
妈妈！
唰
唔！
唔。
噜噜。

咔嗒
咔嗒
咚
咚
咚
咚
咔嗒
小诺?!

咔嗒
嗒
嗒
嗒
嗒
嗒
小诺？
真的是你！
爸爸、妈妈！
你怎么到这儿来了？
你都长这么大了……

这两位是?
对了！有要紧事。
这位是西娅，
这位是未来。
嘟嘟！
当然不会忘了你啦。
嘟。
它叫布丁，
是小时候爷爷送我的。
你们不在的时候一直是它陪着我。
一开始爷爷……
人工智能小镇
片……元宇宙
爷爷……后来发
隐藏空间……
遇到西娅……
……布
……芯
事情就是这样。

所以，
你们真的做了一个装置出来吗？
有的，刚完成不久。
就在我那里。
我现在去拿来。
你说爷爷给你留了笔记本？
是什么样的？
喏。

啪
这上面根本不是你爷爷的字迹。
啊？
怎么会?!
我就是跟着笔记本的指引一点一点找到这儿来的啊。
我对他的字迹太熟悉了，不可能认错。
沙沙
那这个字条是爷爷写的吗?
这也不是你爷爷的字迹。
啊?!
那些人……

这应该是K为了更好地控制我们一家而想出的手段。
用字条和笔记本把你骗来。
那阿洛呢？
是他给我的元宇宙的账号欸。
阿洛本来就是“暗”组织的人。
嗒嗒嗒嗒嗒
呼，呼……我拿来了。
这是怎么了？
一会儿再跟你解释。
收
拉住
啪
就是这个。
塞

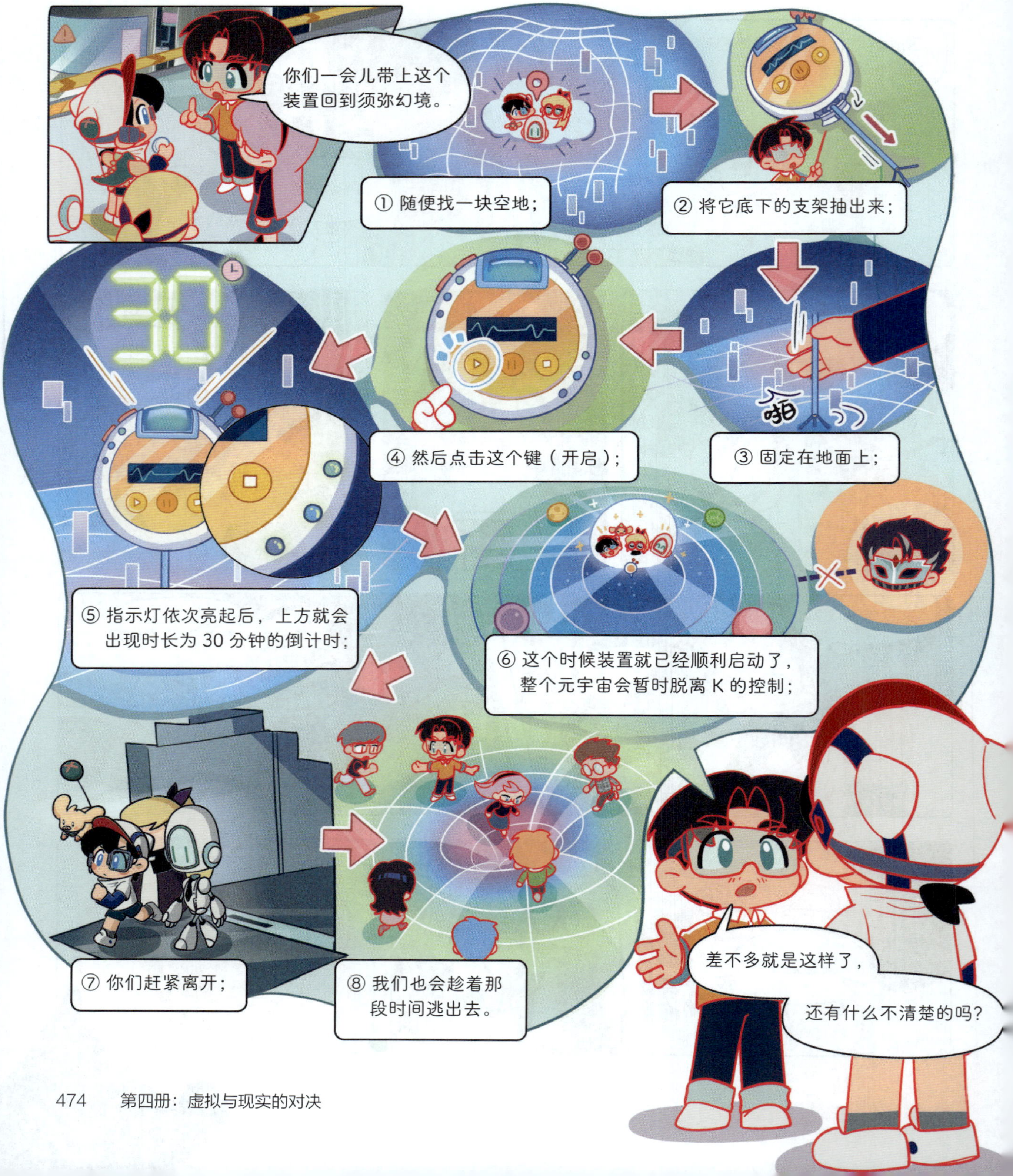
你们一会儿带上这个装置回到须弥幻境。
① 随便找一块空地；
② 将它底下的支架抽出来；
③ 固定在地面上；
④ 然后点击这个键（开启）；
⑤ 指示灯依次亮起后，上方就会出现时长为 30 分钟的倒计时；
⑥ 这个时候装置就已经顺利启动了，整个元宇宙会暂时脱离 K 的控制；
⑦ 你们赶紧离开；
⑧ 我们也会趁着那段时间逃出去。
差不多就是这样了，
还有什么不清楚的吗？

为什么一定要去须弥幻境？
直接在这里打开不行吗？
只有那里才能从内部覆盖元宇宙的所有区域，
以便我们顺利逃出去。
这个装置会对元宇宙产生其他影响吗？
已有的内容会照常运转。
但是如果要做什么更新操作，就会加载不出来。
所以一定得快，
K 随时都有可能会发现。
后续的事等出去了再说。
只要出了元宇宙，K 的权力就没有这么大了。
到时候我们再慢慢想办法。
嗯！

都清楚了的话，我们就先回去了，攒下的休息时间也快用完了。
爸爸、妈妈——
放心，
等装置开启的信号一传来，我们就会第一时间撤离。
我们很快就能再见面了。
好了，你们快些出发吧。
早去早解决。
嗒
嗒
嗒
嗒
嗒
嗒
嗒
嗒
嗒

嘟
嘟
嘟
嘟
嘟
嘟
爸爸、妈妈！
别管我们，你们快跑。
可是……
没事，还有机会。
记住我说的话，
一切照旧！
我们走！
咔嗒
咔嗒
咔嗒
吱
可真是精彩啊——
吱

吱
吱
看了这么久的戏，
总算是有了些收获。
吱
没想到你们能一路找到这里。
吱
吱
小小年纪，还真是
让人刮目相看呢。
K？
吱
是啊，那又怎么样？
你监视我们？
吱
吱
这本就是我
创造的世界。
你们不会那么天真，以为做了这么
多小动作，完全没被我察觉吧？
你——
吱
吱
爸爸、妈妈！

空无一人
你把他们怎么了？
放心——
他们可是这儿的核心技术人员，我不会把他们怎样的。
吱
吱
只不过给他们小小的惩罚，
让他们再增加一点点的工作量来弥补罢了。
卑鄙！
那又怎样？
这不过是必要的管理手段罢了。
吱
你就只会躲在暗处吗？连脸都不敢露？
吱
吱
哦？你想见我？
那就来吧！
吱
吱
吱
吱

?!
吱
吱
吱
啪
吱
吱
吱
吱
吱
吱
吱
我们这是……
到了哪里？
哗啦

哗
哗
咔啦
哗
哗
咔啦
咔啦
咔嗒

欢迎来到——
我的世界！

第十二章　虚拟与现实

咔啦
咔啦

咔嗒
咔嗒

站定
你们不是要见我吗？
现在我人就在这里，怎么都不说话了？
K——
快放了我的家人！
呵，你们到现在还没明白吗？
你们的家人，他们不可能离开。
倒是你们……

不如陪他们
一起留下来。
这么伟大的项目，
你们难道不想参与进来吗？
我还是很看好你们的才能的。
装置呢?!
不必了。
但你要是再不放人，
我就——

你是在找……
这个吗？
!
这次的这个玩具，
倒是有点意思。
你……你想怎样？
他们以为凭这个就能
离开这里？
天真！
咔嚓
你——

怎么样？
现在要不要考虑留下来？
从程诺的账号登录的那一刻，
我就开始观察你们了。
没想到还能有意外收获呢。
是吧？
显卡家的小女儿。
找了这么久，你倒自己送上门来了。
你还真是备受宠爱呢。
我们的工作量可以翻倍，放她走。

我们不会逃，
我们的家都
已经被毁了。
我们已经无处可去了，所
以不需要用她来控制我们。
况且，我妹妹从小
就被家里宠坏了。
显卡一族的能力她
都没有好好锻炼，
更别说为元宇宙的建
设提供什么帮助了。
但我需要亲自见她一面。
我知道如何打消她的
疑虑，让她安心离开。
不然她还是会一直
想办法找我们的。

可以。
但是，
你只能一个人
去见她。
我会让“影”在你们周围监
督，你别想搞什么小动作。
没问题。
我从一开始就不相信你哥哥的
说辞，但还是答应了他的请求。
就是想看看他究竟想干什么。
他还真是没让我失望。
K

果然还藏有我不知道的能力。
你们兄妹倒也是心有灵犀，
在这么严密的监控下还能顺利传递信息。
障眼法是吧？
还真是有趣。
你们这一路的表现我都看在眼里。
本来只是打算让你们待在这里，好让你们的家人安心工作。
现在看来，
你们完全有能力加入元宇宙的建设。
你负责测试元宇宙里的安全漏洞。
而你呢，
不如继续留在达摩院做设计方面的工作。

我们——
哎，
先别急着回答。
元宇宙能够建设成今天这个样子，
正是因为我从世界各地
集结了各个方面的人才。
在这个项目里，我可以让所有
人的才能都得到充分的发挥。
完整的规则，
自由的外观，
独特的场所，
丰富多彩的设施……
凡此种种，
都是在我的带领下一点点实现的。
你们在这儿也待了一段时间，
元宇宙呈现出的样貌，
相信你们都看到了。

特别是你，
程诺。
由 AI 人偶带着在元宇宙里深度体验后，
你的感受应该更为深刻吧。
元宇宙正在逐渐成为一个远离疾病和
灾难，充满梦想和希望的新世界。
而我——
就是这个新世界的创世神。
元宇宙的一切尽在我的掌控之中。

这里，
就是我的神坛。

太可怕了……
嗯?
你说这是个新世界。
可世界是由无数的人、事、物随机构成的,充满着未知。
怎么可能只由某一个人掌控?
点头
点头
这有什么好担心的?
只要不断更新、完善元宇宙的主程序,就能设置足够丰富的运行逻辑。
从而覆盖所有的可能。

更何况我们还会使用
人工智能来辅助计算。
完成只是时间问题。
这也太理想化了……
元宇宙有巨大的发展空间，
蕴藏着无限可能。
如果连想都不敢想，
又怎么可能做到呢？
你们加入后，也会成为
缔造这个传奇的一分子。
你们能够充分发挥个人才能，还能在
挑战中不断突破，以达到更高的层次。
怎么样？
现在你们可以回
答我的问题了。
要加入
我们吗？

不。
嗯？
这还不够吸引你们吗？
况且也不是白干。
参与元宇宙建设的人会得到大量虚拟货币，
这些钱可以让你们在元宇宙内自由消费。
用不着。
我们还是更想跟家人一起回现实世界。
既然这样……
那就别怪我不客气了！
哔

你们的家人可都在我手上。
只要我想，我
就可以……
就可以怎样？
你就是这样，
逼大家为你工作的？
因为想建这个元宇宙，
为了你所谓的目标，
你就不惜拆散别人的家庭，
破坏别人的家园？
你，
太自私了。

哈?
自私?
这个项目可是造福全人类的。
造福全人类?
是指把我的家人关起来强制工作?
还是指——
毁了西娅的家园,
把她的族人都绑来元宇宙这件事?
可别说“暗”做的事不是出自你的授意。
你懂什么?

一切都是为了最终目标，
为了大局着想。
“暗”组织是为了节省时间、避免麻烦而设立的。
为了元宇宙的高速发展，
我们需要更多的人手和金钱。
一切以效率为先。
从明面上获取人力和资源，太慢了，不如直接有这么一群“坏人”来帮我做事。
因为本身就是“坏人”。
有这个身份在，
做很多事情都不需要太多解释，这样就省去了很多时间。

一点点建设太慢了，
我想要借助显卡一族的超强算力来加快进度。
于是我亲自到曼堡城去邀请显卡一族来加入建设。
没想到，
无论我开出什么条件，你们族人都拒绝了。
他们更愿意把精力投入曼堡城的建设中。
我又有别的事要忙，就直接让“暗”出面去促成这次合作了。
为了让元宇宙世界平稳运转，日常的货币流通必须维持基本的平衡。

我们通过挖矿轻松获得了一笔黑色收入。
它帮我们解决了很多问题。
我们所做的一切，不管过程如何，都确实是在朝着最终的目标前进。
说得好听。
你所做的这些不还是为了你自己吗？
不论如何，你都不该直接替他人做决定。

这只是我——
打断
你说世界充满了天灾人祸，
那你偏偏又成了那个带去了人祸，造成别人家园被毁的加害者。
这些被伤害的人，他们又做错了什么呢?!
不是这样的！
我只是让“暗”把人带来。
没想到手下的人会直接烧毁曼堡城！

这只是一个小小的失误而已。
呵，
“小小的失误”。
你能把我的家复原吗？
那我的家呢？
“影”敢这么肆无忌惮地搞破坏，还不是因为你默许了。
承认吧，
你就是这样一个自私的人。
闭嘴！

主人?!
未来，还是让你知道了。
没想到你会一路跟着他们到这里。
主人……您为什么在这里？
您不是跟着军队去参与山火救援了吗？
咔嗒

元宇宙……
还有 K……
这到底是怎么回事?!
本来想以后告诉你，等元宇宙建设得差不多再带你来的。
也罢，
你就一起听吧。
听了我的经历，你们就能明白我为什么会这么做了。
这一切的始末……

从小我就发现自己与同龄人不太一样，我对他们热衷的东西完全不感兴趣。
识字后，比起跟他们一起玩，我更喜欢自己在家捣鼓些小机器。
上学后更是，课本上的内容那么简单，我不理解为什么每天要花这么多时间去上课。
喧闹的教室对我而言就像牢笼。
后来老师也发现了我的与众不同，
他们说，我是“天才”。

六（2）班
我的世界仿佛被按下了加速键。
明明在前进，却又好像独自被留在了原地。
天才少年班
就像是进入了另一个时空。
没过多久，我就被安排到了一个全新的环境继续学习。
大家年龄相仿，所以很快就有了共同语言。在老师的带领下，我们一起研究、讨论，开始接触更多有意思的学科，学习变得不再枯燥无趣。

正当我选择计算机科学作为未来的发展方向，准备继续潜心钻研的时候……
战争爆发了。
各地的年轻人纷纷响应号召加入了军队，我也不例外。
本以为这场战争很快就会结束，没想到持续了如此之久……
但是，至少还有朋友在我身边。
我们都无比期盼回到那个美好、自由的世界，继续我们未完的研究。
然而……

某一天，我们接到了
外出侦察的任务……
有埋伏！
嘭
我无法继续参与战斗了。
没过多久，双方议和，战争结束了。
但一切都变了……

为什么，只有我活了下来……
以我当时的精神状态，暂时还无法继续学术研究。
ERRO
LOADI
活着对我而言成了一种罪，只有去救助更多的人，我心里才会觉得好受一点。
于是，在前长官的推荐下，我加入了抢险救援队。
没想到，这竟是另一次洗礼……

这次，我明确了自己的方向。
我要创造一个远离疾病和灾难，只有快乐和幸福的新世界。
项目的起步很艰难，资金、场地、技术壁垒……种种问题，让我焦头烂额。
就在这时，得知我要做这个项目，之前认识的很多科研好友、战友、队友都主动加入。

不知道是谁去交涉的，
政府直接出面说要扶持
这个刚刚起步的项目。
这成了最关键的一步。
我们被接到了一片当时正在建
设中的高科技秘密研发基地。
那里难
道是……
对，就是后来的
人工智能小镇。
那个时候的人工智能小镇还在建设当中。
适宜的场地、
经费 ¥10000000
充沛的资金、
时下最先进的设备，
但对当时的我来说，这里
无疑是最大的资源库。
以及诸多科研人才，
皆会集于此。

项目紧锣密鼓地推进着。
他们直接将元宇宙纳入互联网大厦建设的一部分。
团队持续壮大，需要决策的事情越来越多。
我不得不逐渐从一个研发者向管理者转变。
时间越来越不够用了。
随着年龄的增长，
我也愈发感到力不从心。
终于，元宇宙的雏形搭建好了。
设备隐藏模式已开启
在那里，仅靠意志，我便能轻松拥有健康、精力充沛的体魄。
为了便于管理，高效推进建设进程，我把办公场所转移到了元宇宙的内部。
正当我以为一切都在向好的方向发展的时候，新的问题又出现了……

在真正见识到元宇宙是怎样的地方之后，大家纷纷有了自己的想法。
参与建设的人应该拥有更多初始资金。
未通过
增加抽选功能，将不同的商品组成系列，每次只能随机获得其中一个。
未通过
未通过
设置VIP，不同的身份拥有不同的操作权限。
未通过
而这些想法并不都是能够促进元宇宙整体建设的……
为什么不能复制我的女儿?!
利用深度伪造技术，制作去世亲人的AI复制体。
当初我加入这个项目就是为了这个!
打断
我没说不能复制。
但凡事都有优先级，目前最重要的是先将账号登录系统做出来。
那他们又是什么?
他们不一样，他们能够协助我搭建管理系统。
呵呵，这不过是你的私心……
算了，
既然不能复制我的女儿，就让我退出项目吧。
让程旭源来一下。
个人诉求越来越多，我不可能每一项都满足，一切都要以大局为重。

凯，你找我？
做一个他的复制 AI 人偶，去除情感经历。
我们只需要服从度高的同伴。
怎么了？
你……
唉，没事，我明白了。
无论 AI 人偶多么逼真，也很难做到跟本人完全一样，他们的思维只能照着某种特定模式运行。
并且不会成长。
这部分内容是 xx 负责的。
他人呢？
您忘了吗？他这周请假了，
他的孩子出生了。
与此同时，项目明明到了关键时期，却经常有人请假不在。
这样啊，那把他的家人也接到元宇宙吧。
好。
我想了各种方法去解决，
可项目的进程还是变慢了，发展陷入了僵局。
得招新人了。
于是，我从现有人员中选出了最坚定的那一批人，作为“影”。他们组成了元宇宙里的一个特别行动部门——“暗”，也就是后来的“暗”组织。
他们替我从小镇之外召集可用之人。

随着新成员的加入，更多的人把家搬来小镇。
这位是新来的架构师。
由你来负责区块链平台吧。
没问题！
团队不断壮大。
你想好了吗？
嗯，我必须得回去。
那对我而言更加重要。
好。
我也看着一些人离开。
一开始，速度是变快了许多。
凯，你快去看看！
你们在吵什么?!
应该照我这个来！
凭什么，这部分明
明是大家一起做的！
呃，要不要听听看
我这个版本——
可渐渐地，不同的声音变得更多了。

事情逐渐脱离我的掌控，管理变得更加艰难。
应该直接用我的方案！
用了他的方案，我就退出这个项目！
那个，我……
以后都按我的想法来做吧，
你们这样争来争去太耽误时间了。
我取消了合作机制，让每个人都成为推进项目的齿轮，各司其职，一切只按我的想法进行。
可是——
别可是了，我会尽快让人把芥子空间改造出来，成为你们的新办公场所。
不满的声音越来越多，我开始将自己隐藏起来，以K的身份面对大家。
如果有人抵抗，我会直接采取强制手段。
我想出了更多的管理条例来约束大家，只有严格要求才能达成最后的目标。
咔
咔
需要考虑的部分越来越多，我也变得更加忙碌。
好在项目终于重新开始顺利推进了。

虽然有那么多人都把家搬到了人工智能小镇，
但还是会有一些保守派想保持原有的生活方式，
不愿意离开自己的家乡。
显卡一族就是其中之一。
把显卡一族带到这里来这件事是直接交给“暗”处理的，
当我得知他们动用了什么手段的时候，也很吃惊。
什么？你们把曼堡城给烧了?!
罢了。
显卡一族的人都来了吗？
都来了。
那也行。
但是我们查人的时候，发现他们最小的孩子不见了，
是一个小姑娘，应该也帮不上什么忙。
你们快去找她，还这么小，万一出事了怎么办。
是。

别再美化自己了，
你的行为就是在伤害别人！
我知道，
是我默许了他们的做法。
一切都是必要的牺牲。
因为他们确实取得了我需要的结果。
看着元宇宙一天天变得更加丰富、更加完善，
我就知道自己的选择没有错。
如果是你们……会怎么做呢？
但是偶尔回头看去，我也会惊觉——
相信自己。
无论我再怎么更新友人的 AI 形象，得到的始终不是我记忆中的他们。
嗯——
我已经找遍所有跟他们相关联的人员、物品，以及事件信息。
所有资料都在这里了。
在这条漫长的探索之路上，
走在前方的好像只有我一个人。

但这些都不重要了。
新成员不断加入，
已有人员不再流失。
我让所有人的才能
都为我所用。
无论过程中用了多少手段，
只要是能将元宇宙顺利
建成就算得上圆满。
我所做的一切也
将变得合理。
别再自欺欺人了！
错的就是错的，
永远不会变得合理。
你将人们束缚在这里。
这里对他们而言根本
不是什么美好世界。
只不过是由冰冷的数字以
及符号所造出来的空间，
是一座电子监狱罢了。

况且，你真是为了大家才做这一切的吗？
我当然是！
你究竟是想创造一个美好新世界，造福全人类，还是要创造一个让自己逃离现实的地方？
这只有你自己心里知道了。
如果不是所有人都能感到幸福，那就不是真正的美好。
可事情总得要有人去做。
牺牲少数人的利益来换取最大的成果，这不应该吗？
没必要。
我的族人根本不需要用到这种强制手段就能把曼堡城治理得很好。
说明更好的管理方法是存在的，
你可以去问我的族长。
更何况，
他们一开始可是主动加入的啊，
想要建成元宇宙的动力不会比你少。

一个人哪能时时刻刻掌握住所有事?
偶尔慢下来，听听别人的想法并不是坏事。
劳逸结合更能获得灵感。
更何况，这根本就不是件很快就能做成的事，
急了就容易出错。
只能循序渐进。
噜噜!
齐心协力才更有可能事半功倍。
还有一点很奇怪。
嗯?
你想让大家创造新世界，
却不让大家回现实世界看看。
这不是闭门造车吗?
真实世界千变万化，充满未知。
这是多好的样本?

你将大家禁锢在这里闷头创造，不出去汲取灵感，
当下他们还能依靠已有的记忆，
后面可能就只能做出生硬又模式化的东西了。
比如……
我在模拟我家的小屋里观察过外面的环境，每天同一时间都会有鸟叫声。
而且那些鸟叫总共也就几种，翻来覆去，毫无新意。
这在我现实的家里，根本不可能。
再比如，我的家人……
你那几个朋友……
有的东西，是永远无法被虚拟的数据取代的。
不是吗？
元宇宙也好，深度伪造也罢，再像也还是假的。
你真正要考虑的应该是如何发挥出虚拟的特性，与现实世界共存。

你说现实世界充满天灾人祸，这些确实很难靠个人去改变。
可现实世界，
真的像你所描述的那么不堪吗？
你的家人、朋友、工作伙伴……
还有——
未来。
他们都诞生于现实世界。
你否定现实世界，是想连他们也一起否定吗？
我……
包括你自己本身，
不也是来自现实世界吗？
别抹杀现实的存在啊！
现实世界才是生命真正的载体。
数字永生，只有在现实世界已有那个生命的前提下才有意义。

再说，如果没有现实世界的物质基础，
元宇宙也没法搭建。
虚拟世界其实可以作为连接大家的纽带，作为一个额外的精神世界而存在。
可现实世界……
嗯?
主人，您喜欢我做的食物吗?
喜欢啊。
可您一开始不是也是觉得我做的食物少了点趣味吗?
因为那些都是设定好的，
就跟当下的元宇宙一样。
后来就连我做失败的食物您都赞不绝口。
那时候的您看起来真的很开心。

原来是这样……
原来我一直都搞错了……
作为现实世界的拓展空间，
目前的元宇宙已经相当丰富，也足够有趣了。
要是想继续突破，最好的方式就是从现实中汲取灵感。
多体验世界才能有更多的创造力。
给大家足够的空间，现实世界所包含的随机性会带来惊喜的。
劳逸结合。
在好的氛围里，拥有充沛的精神，大家才能更加积极地推进项目。
您也需要好好休息，适当放空一下了。
找个人来搭把手，或者停一天呢？
适时的停步是为了更好地进步。
我知道该怎么做了。

第十三章　新的旅程

哔
你们现在就要回去吗？
不再多待几天？
不了，爸爸妈妈说想赶快回家看看。
这样啊。
没事，我们一定还会再见面的。
西娅，你呢？
之后打算怎么办？
我先留下来，和族人一起，配合曼堡城的重建工作。
原来凯之前就安排人去修缮我的家园了。
只是我后来没再回去过，所以没看到。
曼堡城毕竟是因为我而被毁的，
目前也只是修复了60%。
曼堡城这么美的地方，就这么毁掉太可惜了。
我会留下来一起帮忙的！
未来不是想进行军事化改造吗？

嘿嘿，不用了，主人说我现在这样就挺好的。
他还让我之后也参与元宇宙的建设。
主人不会再留下我一个人了。
这次真对不住了。
光说可没用，
我欧姆村的那套设备——
我回去就让“影”把最新的设备给你送过去。
这还差不多。
你小子，居然想到冒充我。
好在小诺聪明，看出来了。
这个之前不是……
他是个好苗子，不如也加入我们，建设元宇宙？
干吗呢，干吗呢？
可别打我们小诺的主意，未来的路让他自己选。
我还有很多东西要跟爸爸妈妈学呢。
吓我一跳。
好。
那你先多陪陪他们，弥补一下之前错过的时光吧。

我还有事情想请求你们。
元宇宙还要
继续建设，
有些东西可能需要
你们远程处理一下。
没问题。
那我就放心了。
噜。
时间也差不多了，
我们该启程了。
噜噜！
噜——
别腻着西娅啦，
又不是不见面了。
那就，再见咯。
噜噜。
再见。
再见。
后会有期！

咔
轰隆隆隆
嘎嗒嗒嗒
小诺快跟上。
来啦！

终于回来了。
欧姆村
哗啦
西娅、未来：
展信佳。

娅、未来：

展信佳。

好久不见，不知你们最近过得如何？

过去了这么久，我有时还是会恍惚，看到爸爸妈妈就在身边，才有一些实感。在元宇宙经历的一切就像一场梦，我很想念你们。

回家之后的日子很充实，邻居家的孩子们对我的冒险特别感兴趣，总是缠着我讲给他们听，他们都想见见你们。布丁也出名了，现在家里的南瓜布丁都快堆成山了。对了，我又见到了阿洛，问了他"chip"的意思，他当时的表情可有意思了。爸爸妈妈教了我很多新知识，下次见面我给你们展示一下！

听说曼堡城重建好了，变得比之前更好看了，恭喜西娅，有机会我一定要去看看。没想到西娅还是留在了元宇宙，不知道凯是怎么

面我给你们展示一下！
听说曼堡城重建好了，变得比之前更好看了，
我一定要去看看。没想到西娅还是留在了元宇宙，不知道凯是怎么
说服你的，但我知道他一定特别开心。其实那里的工作很适合你，你和
未来协作得很好。
互联网大厦现在好像很热闹，元宇宙内部应该也很忙吧？自从元宇宙
对外开放，越来越多通往互联网大厦的光纤列车站建了起来，不知道什么
时候，光纤列车可以通车到欧姆村，这样我们见面就方便多了。
元宇宙的新政策我也听说了：定期强制关闭，工作人员实行轮班制。
这样一来，大家都有足够的时间休息，也不再与现实世界脱离，这可真是个
好主意！
欧姆村的洒星日快到了，那天村里会举行庆祝活动，场景特别美，你们都
来参加，也带上家人和朋友吧！转告凯，让他一定要来，爷爷念叨他好久了。
期待你们的到来。
程
期待你们的到来。

洒星日当天
咚
咚
咚
来啦！
咔嗒
快请进。
咦？
这位是……
他是我收养的孩子。他好奇洒星日，就带他一起来了。
我们见过的。
都傻站在门口做什么，
快进来呀！
啊，是你！

那个，我家……
有点乱。
混乱
混乱
你们来得正好，
陪小诺一起把这些送给萤火婆婆吧。
拜托了。
呃，好、好的。
我们也一起来帮忙吧。
好！

啪嗒
三——
二——
一！
咔
点灯！
开灯

小诺，谢谢你的邀请，
洒星日还真是很美呢。
元宇宙里是不是也可以办一些这种庆典活动呢……
回去之后你再想工作的事吧。
就算开放后吸引了很多新人才加入，也还是远远不够的。
咳咳
元宇宙后续仍然会不断更新、完善。
小诺，这个你拿着。
这是我们新研发的产品，还没上市。
通过它，你在任何时候都能快速进入元宇宙。
元宇宙的大门永远向你敞开。
做好决定了，我们随时欢迎你的到来。

那我们走咯。
下次见。
啪嗒
爸、妈，我出发啦。
吱嘎
这孩子，怎么
还是老样子。
毛毛躁躁的。

啊！

结语：

就这样，小诺和布丁背起书包，踏上了新的冒险旅程！曼堡城已经焕然一新，街道上到处都是闪闪发光的全息投影，还有会跳舞的机器人、会变形的智能汽车，甚至还有能听懂布丁的“噜噜声”的翻译器！

元宇宙也变得更厉害了，现在的虚拟世界不仅能让人身临其境，还能根据人们的想法自动变化场景。更神奇的是，这里出现了一种叫“自主智能”的新朋友，它们会自己学习、自己思考，甚至还会和小诺开玩笑！不过，这些智能会不会变得太聪明呢？它们会一直听人类的话吗？

小诺和布丁会收获哪些新奇的体验呢？也许他们会发现一座藏在数据海洋里的神秘岛屿，或解开一个关于人工智能起源的惊天秘密！布丁会不会也变成超级智能小猪呢？

让我们一起期待小诺和布丁的新冒险吧！他们的故事，才刚刚开始呢！

爷爷的笔记本

亲爱的小诺：

我们生活的欧姆村是光与电的故乡。而你即将踏入的崭新世界，会更加奇特、精彩，也将充满艰险与陷阱。面对未知的一切，你有一个最有潜力、最强大的依靠，那就是你自己。

这本笔记里记录的十大知识都是未来冒险过程中你可能用到的。爷爷没法手把手教你，只能靠你自己去努力学习了。

记住，你有多少知识，就有多少力量。爷爷相信，从科学的原点出发，你终将进入无限广阔的真理之海！

带着这本笔记上路吧！

目 录

AI

【电力】

“欧姆村”这一名字的来源是一位叫乔治·西蒙·欧姆的物理学家。他发现的欧姆定律规定了电压、电流和电阻之间的关系，是我们学习电学知识时必学的基本定律。

电子是什么？

宇宙万物都是由原子构成的，大部分原子中有一种更微小的粒子在运动，这就是电子。

在导体两端加上电压，电子就会定向移动，从而产生电。发电厂的工作就是把火能、水能、风能、太阳能等转化成电能，再送到需要用电的地方去。

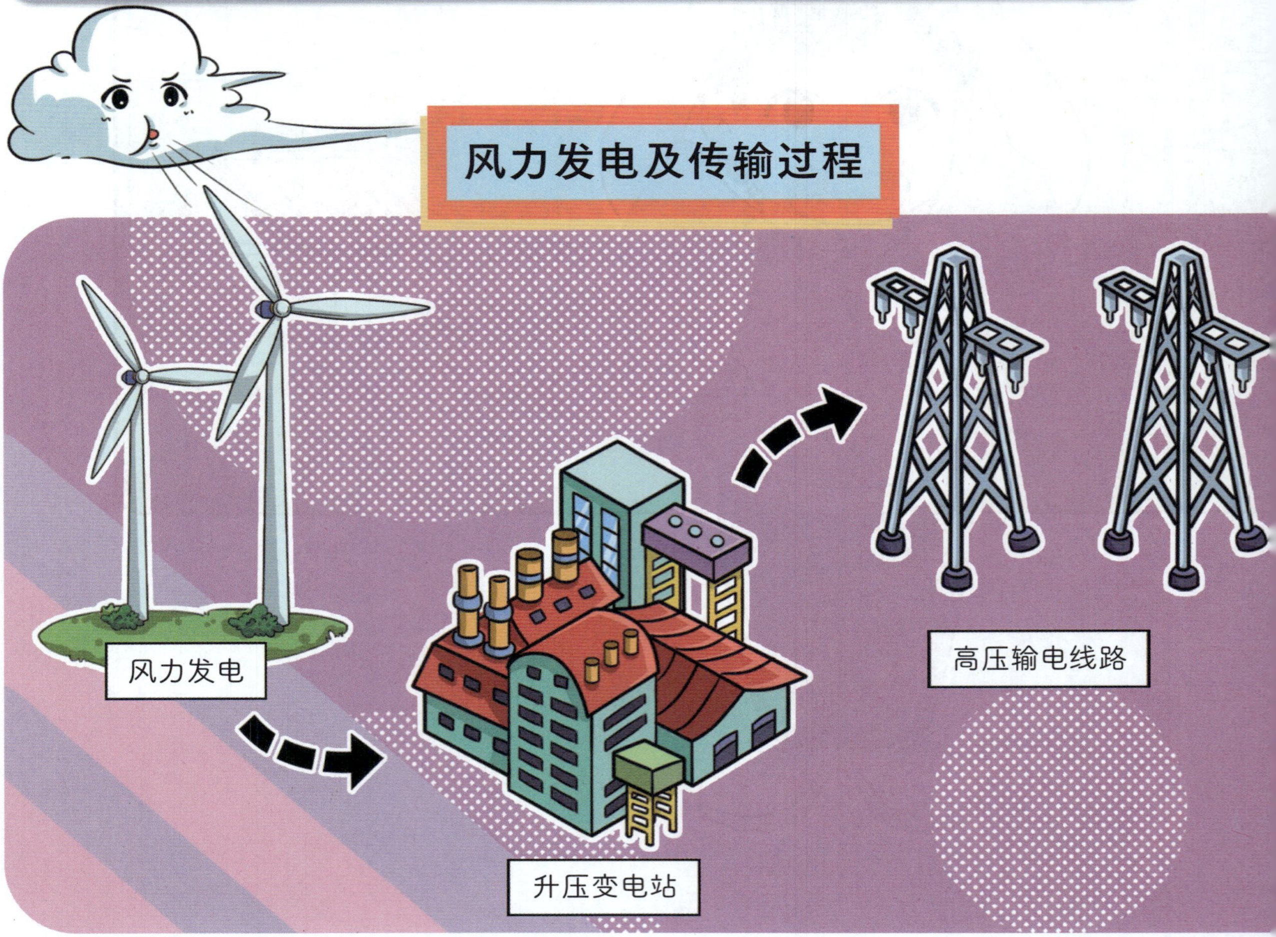

你知道吗？我们的大脑也会发电！

自然界有很多生物能放电，比如素有“水中高压线”之称的电鳗、电鳐等。其实我们人类自身也有生物电：一个成年人脑内的神经元产生的电加起来可以点亮一个低瓦数的小灯泡！

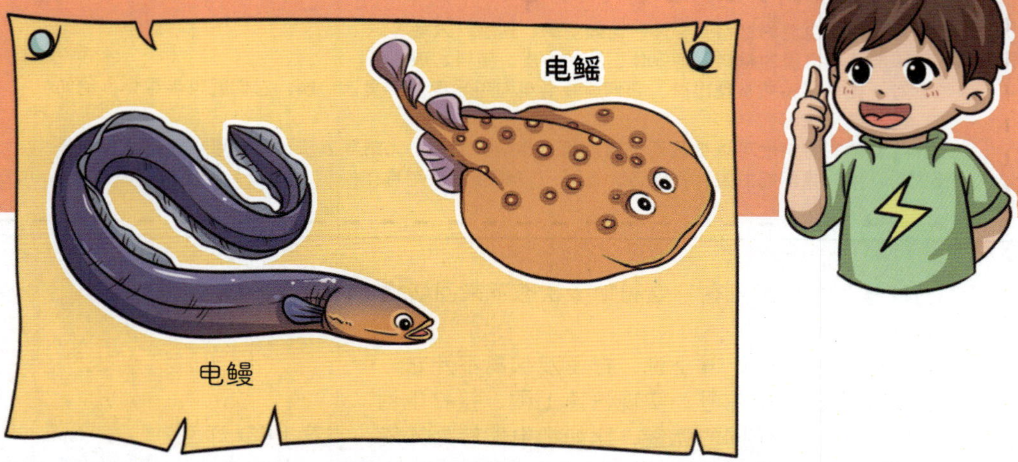

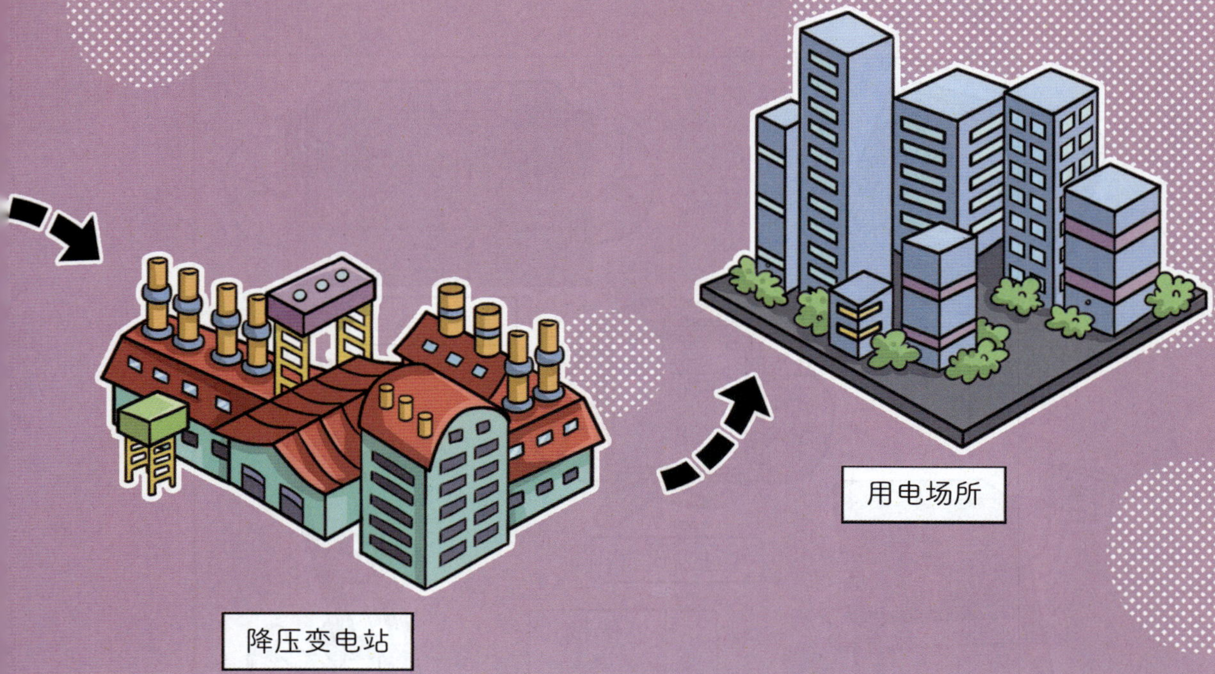

【半导体】

西里肯村的特产——硅，为什么这么珍贵呢？硅是地壳中含量第二高的元素，仅次于氧。但在很长一段时间内，硅都默默无闻。直到 20 世纪下半叶，硅突然逆袭，成为人类新科技的重要元素。因为硅是一种实用性特别高的半导体材料。

Q&A：

半导体材料：到底导不导电？

可以传导电流的材料叫导体，比如金属、盐水、大地等。

不能传导电流的材料叫绝缘体，比如橡皮、塑料、玻璃等。

有一类材料不按常理出牌，它们能在导电与不导电之间灵活切换，它们就叫半导体，比如硅、锗、砷化镓等。

半导体的导电性可以被我们控制，通过掺杂、加热、光刻等方法，我们可以使半导体发挥巨大的作用。我们能拍照、打电话、上网……都多亏了半导体！

当硅等半导体材料在导电和绝缘状态下来回切换、控制电子时，奇迹发生了！

半导体可以：

1. 存储：发短信、写小说、打游戏都离不开它。
2. 通信：放大电信号，实现快速上网、接打电话。
3. 转化：转化不同的能量，比如把电能转为光能，点亮 LED 灯。
4. 传感：传感外界信息，比如将光信号转为数字信号，使得手机也能够拍照。
5. 计算：产生由“1”和“0”表示的二进制信息，执行计算机指令。

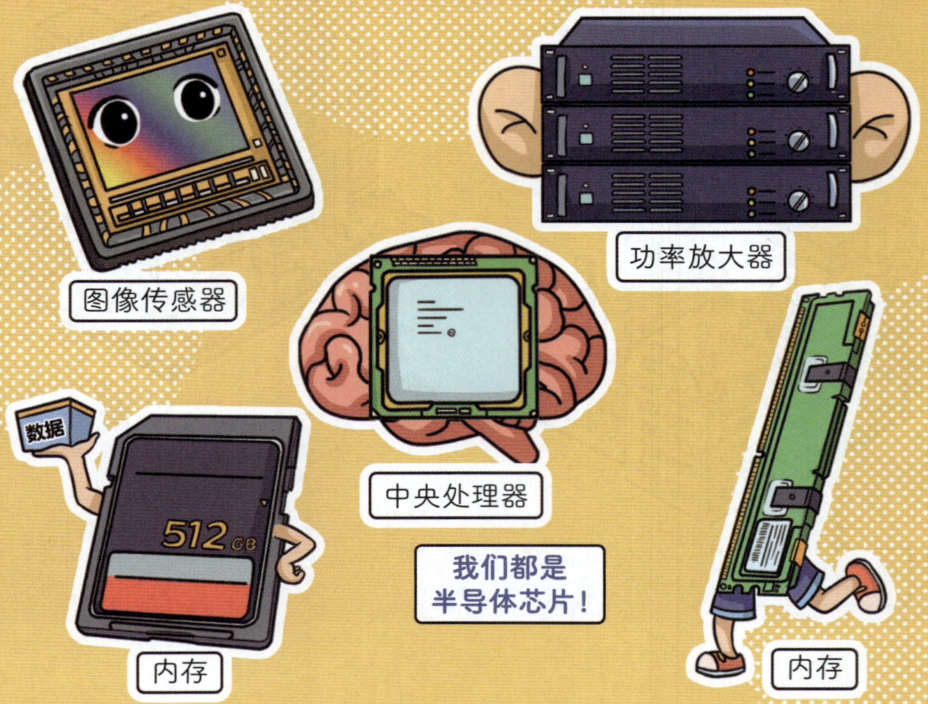

在欧姆村，我们会看到，村民家中的各种设备、产品相互协作，连接成了一个系统，这就叫智能家居系统。这些设备怎么这么聪明，又是怎么被居民们随时随地控制的呢？这就全靠移动通信网啦！

移动通信网——一张看不见的大网

信号在线缆里传送的，是有线通信，适用电器有电话机、机顶盒、弱电箱等。信号在空气里传送的，是无线通信，也就是移动通信，适用于我们的手机。

移动通信信号传输全过程

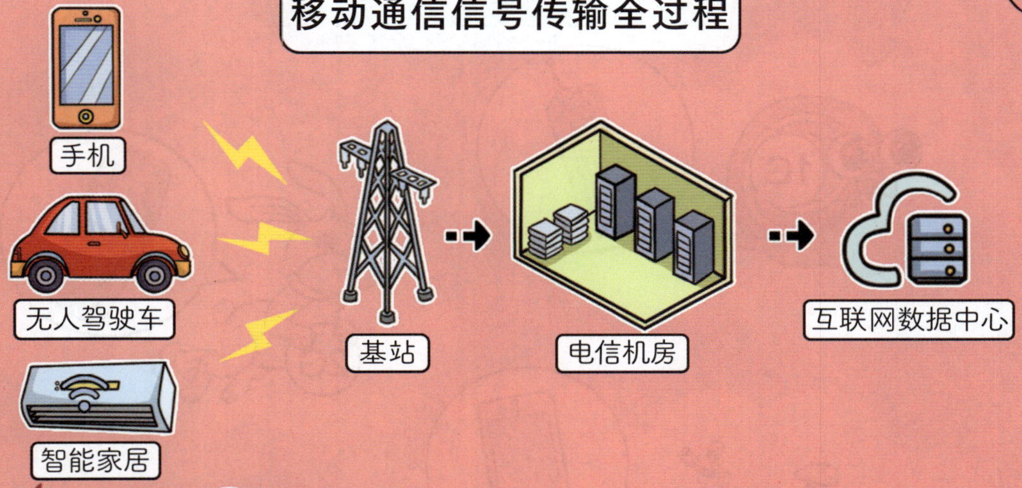

【移动通信】

我们现在最主流的通信技术是第五代移动通信技术，即我们常说的 5G。

5G——你比 4G 多 1G！

5G 的最大特点就是“快”，5G 通信的速度是 4G 的几十倍！

除了速度超快外，5G 能支持更大容量、更低时延，连接更多机器和设备。

5G 可以支持物联网、农林牧渔、VR、AR、工业制造……也就是说，在 5G 的支持下，万物皆可互联！

移动通信网络的发展历程：1G—5G

中国 5G，在世界之巅

现在的中国大地上，上百万座 5G 基站覆盖了全国所有地级及县级城区，其中包括世界之巅珠穆朗玛峰，构成了全球规模最大的 5G 网络。

【计算机组成】

欧姆村的电力和西里肯村的芯片主要供给哪里呢？那就是曼堡城了！曼堡城又叫主板城，它的主体形状四四方方，是一个巨大的运输集散城市，负责给传奇大陆上的五大工坊供电、传输数据。五大工坊互相协作，才有了世界上第一台计算机，有了互联网大厦、人工智能小镇等异世界。

计算机的组成部件：漫游火星、操纵核潜艇都靠它们！

计算机之父冯·诺依曼设计的世界上第一台计算机由五个基本部分组成，并依赖它们运行：首先将编好的程序和数据由输入设备送入存储器，再将指令从存储器中取出，送往控制器进行解释、分析，根据指令中的内容产生各种控制信号，控制计算机中的组成部件工作，比如运算器进行数据处理运算，最后结果到达输出设备，这也是当今绝大多数计算机所遵循的原理。

看完之后，你是不是觉得，计算机的构造有点像大脑？你的感觉没错，毕竟计算机也叫电脑嘛！

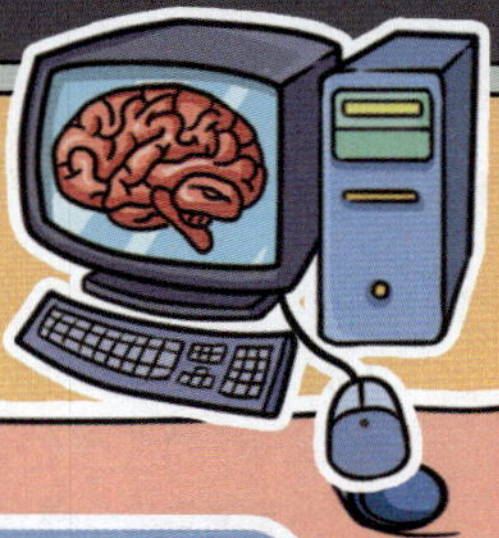

计算机的发展史

从最初的机械计算设备，到现代的高速电子计算机，计算机的发展史展现了人类智慧和技术的飞跃！

应用于1946—1958年：第一代电子管计算机主要为军事和国防服务。

应用于1958—1965年：第二代晶体管计算机开始进入商业领域、大学和政府部门，也催生了程序员、计算机系统专家等职业。

应用于1965—1970年：第三代集成电路计算机开始走向通用化。

应用于1973年到现代：第四代超大规模集成电路计算机开创了个人计算机时代，趋向智能化发展。

平时，五大工坊使用一种特殊的语言交流，这种语言很奇怪，构成它的只有“0”和“1”两种字符。想和它们沟通，我们就必须借助翻译器，才能将机器的语言翻译成我们看得懂的语言。

机器语言：完全看不懂

我们平时在计算机上看到的视频、图片、文字、数字和符号，听到的音乐，其实都是一串由“0”和“1”组合的序列，这就是计算机经常使用的二进制数。

在日常生活中，我们人类习惯用十进制，也就是用0—9这十个阿拉伯数字来计数，为什么有这种习惯呢？很简单，因为我们有十根手指头，用来计数可太方便了！

而对计算机来说，逢二进一的二进制更灵活、执行更快，而且稳定、可靠性高。比如，计算机主存储器是由晶体管，即半导体材料制作的各种单一元件组成的。当晶体管在高压（由“1”代表）和低压（由“0”代表）两种状态之间转换时，借助简洁的二进制，即使受到电磁干扰，电压存在波动，计算机也能很好地分辨“0”和“1”两种状态，从而可靠地存储数据。这可是十进制做不到的。

但是问题来了，这种二进制的机器语言，计算机看得懂，我们人类可看不懂呀！

汇编语言：半懂不懂

汇编语言就是将组成机器语言的那一串串“0”和“1”转化成一个个英文单词。

相比于机器语言，汇编语言对我们来说更容易理解和编写，但用它编写出的源程序并不能直接被计算机识别，必须由汇编程序翻译成机器语言才能被计算机执行。

汇编语言源程序 → 汇编程序 → 目标程序

通过汇编语言，我们可以令计算机执行一些复杂程序。汇编语言在编程语言发展史中承前启后，它第一次摆脱了机器语言的束缚，进入以接近人类语言为发展目标的时代。

高级语言：完全能看懂！

汇编语言之后又出现了第三代语言。机器语言、汇编语言是面向机器的语言，即低级语言，而第三代语言基本脱离了机器的硬件系统，是面向程序设计人员的，所以又叫高级语言。

目前高级语言有数百种之多，它们易学易掌握，编出的程序的可读性和可靠性都更高。

	第一代语言	机器语言
	第二代语言	汇编语言
面向过程语言	第三代语言	Fortran, Basic, C, Pascal
面向对象语言		Alog, Simula 67, Ada, SmallTalk; C++, Java, C#

我也想当程序员，需要学什么语言？

一般来说，现代程序员学习高级语言就可以了，但如果想从事计算机硬件相关工作，还得学习汇编语言甚至机器语言呢！

现在，欢迎你来到美丽的人工智能小镇，这里的一切都让人大开眼界！

人工智能——我们都“AI”它！

上一页我们说过，程序员们会通过复杂的编程语言指挥计算机做这做那。那么，换个思路想一想，计算机是否可以不依赖人类的指挥，自动观察、总结，自动执行一切呢？也就是说，让计算机来学习我们的语言、理解我们的世界！

这就是人工智能（AI）的核心含义：机器模拟人类的思考能力。拥有这种能力的机器可就不仅是工具了，它们还是人类的得力助手和朋友。

让人工智能变聪明，需要几步？

Q&A：

不过，人脑可以算是地球上最复杂的系统之一，计算机该怎么学习呢？

把大象装进冰箱里需要三步，而让人工智能变聪明则需要两步。

第一步，制造一个机器学习的模型：

科学家们首先根据一系列复杂的程序设计，比如符号逻辑、概率统计、神经网络、进化仿生等，制造出一个拥有自我学习能力的模型。

想想看，大脑是怎么思考的呢？人体内的大量神经元互相连接、分工协作，最后把结果汇总给大脑皮层，这样才能实现观察和思维的过程。人工智能的模型也是这样，科学家们用计算机程序模拟出了很多虚拟神经网络，向其中输入数据时，虚拟“神经元”也会层层协作，进行分析，最后输出结果。在这个过程中，“神经网络算法”发挥了重要作用。

人工智能虚拟神经网络的学习过程

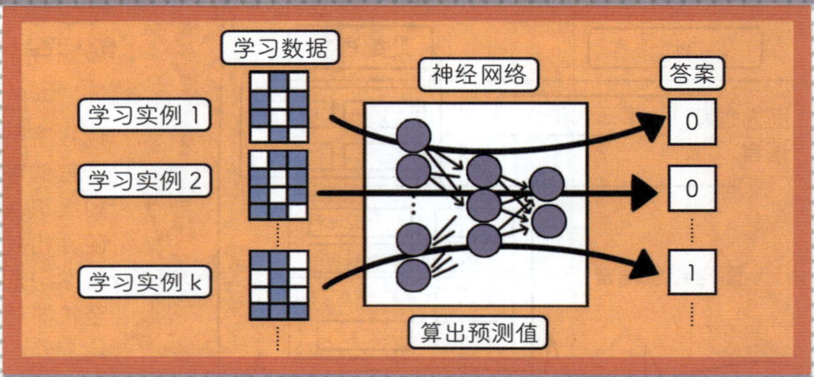

第二步，输入海量数据来“喂养”这个学习模型：

那么，我们如何保证这些虚拟神经网络够多、够好用、够准确呢？那就需要大量的学习啦！人工智能就像婴儿一样，刚生下来什么都不懂，只有大量学习才会令它的虚拟神经网络越来越发达，人工智能才能理解这个世界，最终拥有创造力。

得益于现在发达的互联网，基本所有关于人类文明的数据都能在互联网上找到，人工智能“吃”起数据来很方便，科学家们也给人工智能制订了严格的学习计划。

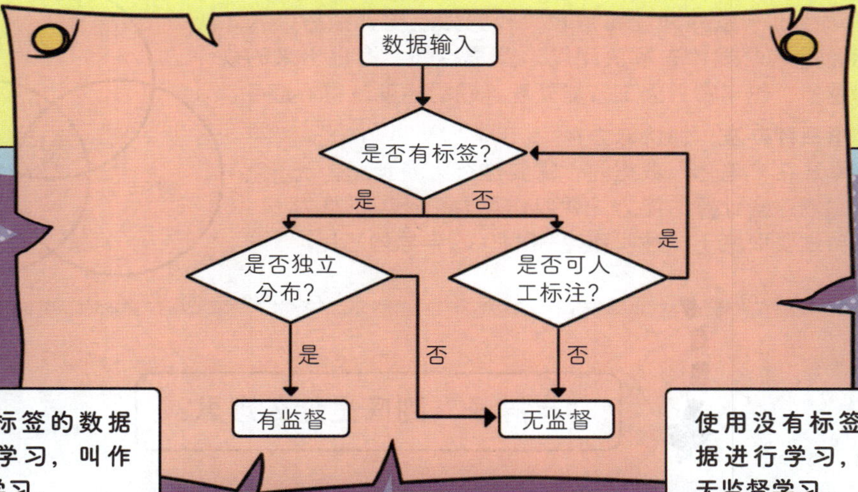

使用有标签的数据进行的学习，叫作有监督学习。

使用没有标签的数据进行学习，叫作无监督学习。

不够、不够，还要更聪明！

想让人工智能变得越来越聪明，有三种可行的办法。

第一种办法，投入大量数据。

毕竟没有数据这个“食物”，再厉害的学习模型也无用武之地。我们前文提到的5G通信，以及正在探索中的6G通信，正是传输越来越多的数据的好帮手。

第二种办法，发展算法。

算法相当于人工智能的消化系统，“吃”进来的数据会被算法经过一系列处理和消化，转变为规律，然后，人工智能会用这个规律去解决问题。算法越强，挖掘出来的规律就越多、越丰富，人工智能处理难题时也就越得心应手。

第三种办法，加快算力！

算法在“消化”数据时，需要进行大量计算，计算机完成这些计算的能力，就叫作算力。计算机算力的强弱主要取决于一种叫作“GPU”的半导体芯片。

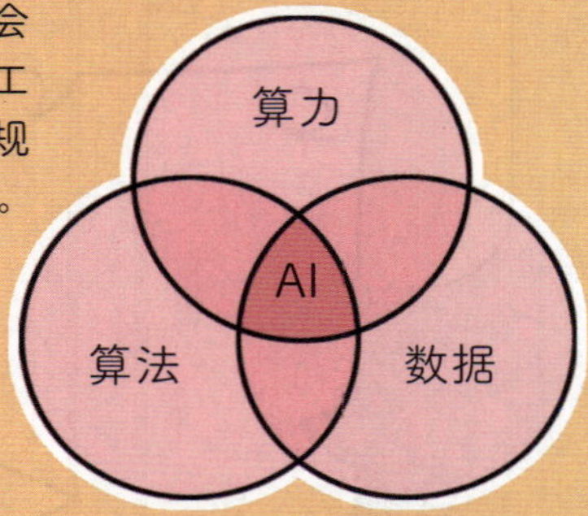

“卡脖子”到底是什么意思？

我们可能听过一种说法：中国芯片被“卡脖子”了。这其实指的是GPU的算力短缺问题。GPU是图形处理器，也就是上文讲过的计算机硬件中处理器的组成部分、显卡的核心。

GPU非常重要，人工智能、VR、区块链、3D建模、渲染等一切跟图像有关的处理过程都需要GPU。GPU的设计也比一般芯片的设计更复杂，需要各方面的人才和资源共同协作才能完成。想要彻底解决国产GPU的算力短缺问题，还需要很长一段路要走。

人工智能小镇的大街上飞驰着汽车，车内却无人驾驶；商场里琳琅满目，货品摆放得井井有条，导购却只有机器人小姐；饭店里的食物美味可口，厨师却只有两条机械臂……各式各样的机器和设备，似乎比人类更能干，它们甚至还能画画、下棋、拍电影呢！

我们一起打造智慧城市！

人工智能与5G通信、物联网、大数据、北斗卫星导航系统等结合起来，就可以打造一座神奇的城市，让人们的生活更加舒适。

比如，人们一觉醒来，会发现早上空气清新，环境宜人。那是因为智慧城市系统能检测出城市的空气质量、水质、噪声等环境指标，并能及时采用相应的措施来保护居民健康。哪怕有人随手扔垃圾，系统也能够通过图像识别和分类算法识别并分类处理垃圾。

想“宅”在家里也不会无聊哦，机器人管家会帮你安排好生活所需，还会教你学画画或数学。大到城市物流和仓储，小到取送外卖和快递，都可以由先进的科技而非人力解决了。

外出的时候，你可以选择乘坐方便的无人驾驶出租车；遇到红绿灯时，人工智能会根据交通情况调整信号灯间隔，提高交通效率；发生交通拥堵甚至事故时，人工智能能够快速响应、救援，而救援专家很有可能也是个机器人！

除此之外，智慧城市还非常安全，因为人工智能和卫星系统可以通过人脸识别、行为分析等技术，实现对城市的全面监控，让坏蛋无处可逃！

人工智能小镇里有一个商场，你可以去那里买需要的东西，为接下来的冒险做好准备！记住，去这个商场购物，不需要带钱包，也不需要带银行卡，只需要有虚拟的电子钱包。买好装备以后，就可以去互联网大厦，准备进入元宇宙啦！

Q&A:

从互联网到元宇宙：从“2.0”到“3.0”！

咱们平时常见的网址都以“www”作为开头，它到底代表什么？

其实“www”是“WorldWideWeb（环球信息网）”的缩写，也可以简称为“Web”，中文名字是“万维网”。

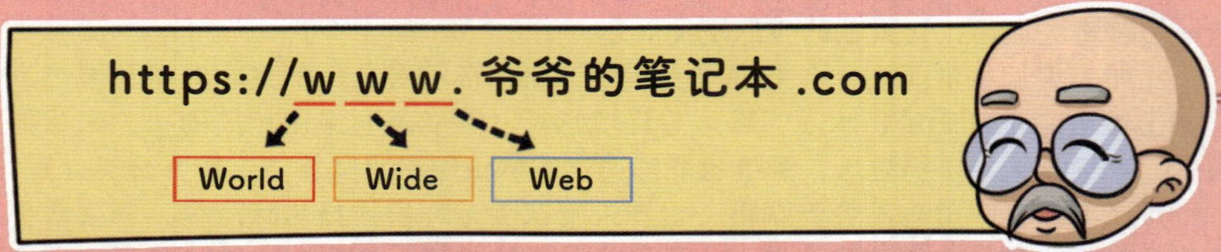

万维网指的是在互联网上存储、提取信息，并实现更快速地传递信息的空间。打个比方，有座巨大的记忆宫殿，可以把每个人的照片、写过的笔记、用过的书等信息都存起来，并建立一个索引系统，方便查询，这座宫殿就叫作“Web”。

我们现在所熟悉的网上“冲浪”的生活，属于Web2.0阶段。

在Web2.0的世界里，每个人发布的内容其实都储存在不同的平台里。平台就像管理员一样，有权对每个人的内容进行审核，对账户进行管理，这样，才能保证整个Web2.0世界有序、稳定地运行。

但是这样也会有很多问题存在，比如，平台可以监管用户，但平台本身受到的监管有限，假如平台随心情去乱审核，甚至乱封号，那对创作者多不公平呀！更重要的是，如果我们想靠互联网来赚钱，那么怎么赚钱、能赚多少钱，其实也是这些平台规定的，平台可能会从中拿走很多钱，创作者反而变成了平台的打工者。

那么，有没有可能让创作者成为数据真正的主人呢？有可能的，这在元宇宙，也就是 Web3.0 的世界里可以实现。

Web3.0 是 Web2.0 的进阶版、下一代互联网，其核心理念是用户身份和数据所有权不再属于各个平台，而是属于创作者本人。

Web 发展历程

阶段	Web1.0	Web2.0	Web3.0
时间段	1991—2004 年	2004 年至今	未来
特点	信息展示，用户只能浏览	用户创造内容并交互	用户创造、控制信息，并定义规则
代表公司或应用	雅虎	谷歌 新浪	以太坊 NFT

【区块链】

区块链 = 区块 + 链

我们知道，在现实的银行里，一定存在一个“超人”，这个超人就是中心服务器。他拥有最高权限的超级账本，可以对交易记录进行汇总管理，用来记录我们买了什么、还剩多少钱。

传统的中心化记账模式

区块链

而使用区块链技术记账则不需要超人和超级账本，所有人都参与账本的管理，人们互相监督。

比如，在一个村子里，一切交易都靠大家记账。有一天，小红和小蓝之间产生了一笔交易，小红对大家说：“我要给小蓝转账 100 元钱喽！”于是，大家都掏出小本子记录下这一信息，并写上日期保存起来，这就叫作“全民记账”。村里每天都会产生大量账本，每隔几天或者几周，把这些账本打包起来，一个“区块”就产生了。

打包新区块时，要把前一个区块的身份证也记录进去，然后再算出本区块的身份证给到下一个区块。每个区块都记录着上一个区块的身份证，就像接头暗号一样，这就形成了一个环环相扣、顺序固定的链条，这就是“链”。

后来，村民们发现全民记账实在太麻烦了，他们达成一致，选出一个记账又快又好的人来充当记账先生。记账先生记录好账目后，每天都会发布出来，供大家检查。如果大家觉得账目没有问题，就在自己的小本子上抄上副本。

也就是说，一份账本并不是储存在某一个人手里，而是被复制成若干份，在每个人手里都有记录。如果想修改一份账本，那就需要修改全村人手中的副本，这几乎是不可能做到的。说到这里，聪明的你一定发现了，区块链有两个重要的特点：

第一，去中心化记账方式；
第二，链上数据不可篡改。

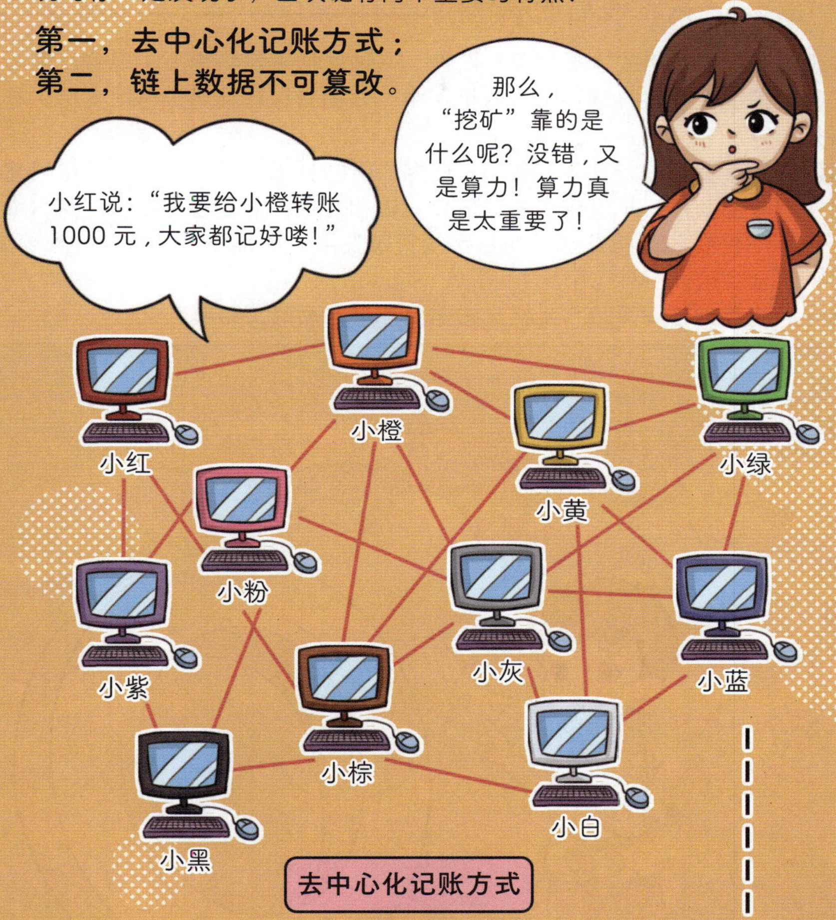

要小心恶意“挖矿”！

“挖矿”又称“加密货币挖矿”，指使用计算机的算力竞相求解加密方程以获得加密货币的过程。恶意“挖矿”是指攻击者在未经授权的情况下劫持别人的计算机用于挖矿。由于需要充足的算力供给，攻击者通常会同时攻击多台设备，大家一定要小心防范，不要中招哦！

俗话说，经济基础决定上层建筑。想真正触摸到 Web3.0 的世界，你必须了解、掌握两样有关 Web3.0 世界经济命脉的宝藏：一个是数字货币，一个是 NFT，它们都离不开区块链技术。

数字货币——雅浦岛的石币

在现代，持有货币的方式主要有两种：一种是拥有实物货币（现金、金币等），另外一种是把钱存在银行这种可靠的机构中，并拥有存款证明、信用支付工具（存折、银行卡等）。

这两种持有货币的方式各有弊端：比如，实物货币需要辛苦开采原材料并用这些材料生产才能获得，不仅成本高、需要运输和储存，而且容易被偷。那么银行存款呢？银行不仅要收取服务费、换汇手续费等费用，而且银行也可能有安全漏洞，有些银行甚至会破产。

现在，让我们仔细想想，我们真的需要有形有质的货币吗？

换句话说，在这种货币系统中，石币的物理存在根本不重要，真正重要的是居民之间的“信任”。

而区块链去中心化的记账方式及不可篡改的特性能够解决“信任”问题。所以，流传在 Web3.0 世界里的货币无形无质，却很好地替代了传统货币，这就是 Web3.0 世界的第一大宝藏——数字货币。

NFT——Web3.0 世界里的艺术宝藏

说完货币，我们再来说说第二大宝藏——NFT。

你认为艺术最重要的价值是什么，是美吗？其实，美在不同的人心中定义不同，没有统一的标准。艺术最重要的价值，应该在于它的稀缺性。在现实生活中，《蒙娜丽莎》的仿制品数量成千上万，但都无法动摇真品的价值，原因就在于真迹的唯一性和稀缺性。

NFT 由区块链技术支持，是具有独特性的数字艺术藏品。你不能把一个 NFT 分成两个，也不可能拥有两个完全相同的 NFT，每个 NFT 的编码都是唯一的、稀缺的，所以能够创造巨大的经济机会。比如，2021 年，以 NFT 形式储存的巨型拼贴作品《第一天：最初的 5000 天》（*Everydays: The First 5000 Days*）在佳士得拍卖行以 6934 万美元（约 4.5 亿元人民币）的价格落槌，创造了 NFT 艺术品拍卖的新纪录。

NFT 也不仅指大师们的作品。图像、雕塑、声音、气味等所有感官能够享受的东西，以及小说、戏剧等作品，都可以成为 NFT 作品。人类几千年的物质文明与文化遗产，更是 NFT 无穷无尽的灵感来源。

在 Web3.0 世界中，每个人都可以创造自己想要的 NFT，哪怕是一张自己的肖像画、一张小猫的照片，都会受到 Web3.0 世界的验证和保护。

这种人人都是艺术家、万物皆可 NFT 化的美好氛围，才是下一代互联网的精神所在！

【虚拟现实】

Web3.0 世界很美好，如果我们想在联网时有身临其境的体验，那就要借助另外一项技术——虚拟现实了。

虚拟现实（VR）——虚假的洞穴

早在古希腊时代，柏拉图便在《理想国》里提出了著名的“洞穴之喻”：假设有一群囚徒自小被绑在一个洞穴里不能动弹，他们背对着洞口，因为身后有熊熊的火光，所以就只能看到投射在洞穴后壁上的影子。他们以为自己在洞穴内看到的就是真实的世界，其实那是一个虚拟的世界。假如他们当中有人获释，那他也很难接受外面的世界才是真实的——这就是有关虚拟现实最早的描述。我们现在所说的虚拟现实，就是指用计算机技术生成一种模拟环境，使我们产生“真实”的错觉的技术。

VR 头显是怎么“欺骗”我们的?

如果想令你产生自己看到的、摸到的都是真实的东西的错觉，那么就需要欺骗你的各种感官，如视觉、听觉，并实现动作交互，其中最重要的“骗人工具”就是 VR 头显。这是一种特殊的头戴式计算机显示器，戴上它，你就会沉浸在逼真的三维虚拟现实世界里。那么，这种神奇的感觉到底是怎么产生的呢?

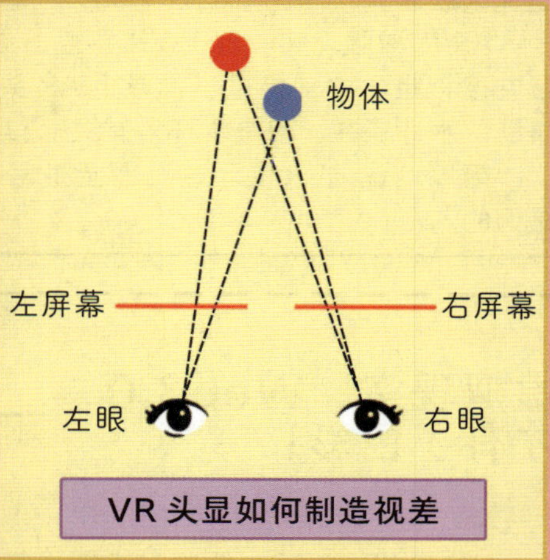

VR 头显如何制造视差

当我们看电脑屏幕或者手机屏幕时，我们眼中是一个二维的图像。但在 VR 头显中，我们看到的并不是一个屏幕，而是两个，这两个屏幕会向我们的左眼和右眼投射有轻微差异的图像。

为什么这样处理呢? 因为在现实世界里，人眼在观看物体时，左右眼看到的图像不是完全一样的，我们称之为视差。你可以测试一下：把手指举到眼前，两只眼睛各眨一下，手指就会“来回跳动”，这就是视差带来的效果。

VR 头显将左右屏幕分开，分别呈现左眼该看到的景象和右眼该看的景象，模拟人眼视差，这样，在观看时，我们就能看到立体图像了。

除了视觉以外，听觉、动作交互又是怎么模拟的呢?

那就需要 VR 头显上的耳机了。至于动作交互，有各种各样的 VR 硬件来模拟，只有你想不到，没有你见不到! 比如 VR 旋转椅、VR 悬空机、VR 滑翔机等。

虚拟现实≠增强现实

虚拟现实（VR）的概念我们已经了解，也许你还听过一个词——“AR”，这又是什么意思呢？

AR 即增强现实。戴上 VR 头盔，你会发现周围的现实世界消失了，你会完全沉浸在虚拟世界中。但是当你戴上 AR 头盔，你会发现，现实世界并没有消失，你的桌子、水杯还在，但是水杯里有只七彩小鱼正在游来游去，这就是增强现实。

简单地说，VR 显示的画面全是假的；AR 显示的画面有一部分是真的，一部分是假的。

有了虚拟现实，Web3.0 世界才有了色彩！

靠着 VR 和 AR，也就是虚拟现实技术和增强现实技术的帮助，Web3.0 世界会变得生动有趣、充满色彩。再加上区块链、人工智能、5G、大数据、云计算等前沿科技的贡献，Web3.0 会变成一个和现实世界并行的“超越世界”，是一个真正的大世界！它有潜力向每个人开放，每个人都会成为 Web3.0 的扩建者，所以 Web3.0 大得无边无际。

在这里，你的空间、数据、所有物，不会随着时间的流逝而湮灭，它们永远属于你。

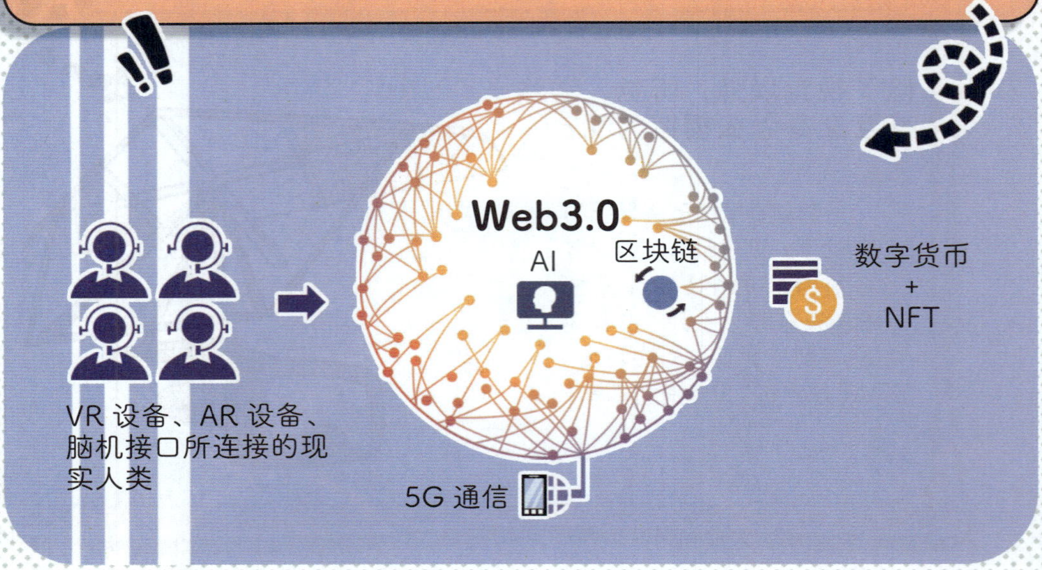

在 VR、AR 设备的帮助下，你不仅能看到，而且还能“触摸”到宛如仙境的 Web3.0 世界。不过，这时的你，身体真的是“自由”的吗？

举几个例子：你想在这个世界里移动，必须借助 VR 手柄；你想大汗淋漓地奔跑，那必须借助 VR 跑步机；你想和人搭话，必须借助语音或文字输入系统……这和自由自在、想走就走、想说就说的现实生活还是有很大差别的。所以，虽然你身在 Web3.0，但只是在初级 Web3.0 世界。这个世界还有一个终极入口，那就是脑机接口。

半机器人的故事

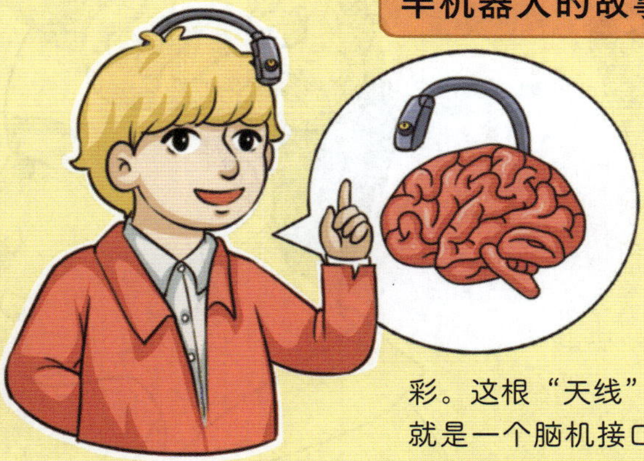

在聊脑机接口之前，我想先带你认识一个人。

他叫尼尔·哈比森，是位天生色盲的英国人。他有一个明显区别于常人的特点，那就是头上插着一根“天线”。有了这根“天线”，他就能靠听觉感受到世界的色彩。这根“天线”的芯片直接植入大脑，所以它就是一个脑机接口设备，这位“天线宝宝”也是全球第一位合法的半机器公民。

除此之外，脑机接口设备还有很多更常见的应用，比如人工耳蜗。人工耳蜗深嵌在耳道内，替代耳蜗发挥作用，可以使听觉受损的人像正常人一样听、说、读。

通过以上例子，你也许已经对脑机接口的定义有了模糊的概念：

“脑”指的是大脑以及我们的神经系统。

“机”指的是外部设备，如机械臂、外骨骼、无人机、键盘、鼠标、电子皮肤、视觉假体、听觉假体等。

而脑机接口的作用，似乎是修复甚至改造我们身体的功能。

那么，这么充满科幻感的效果，脑机接口是怎么做到的呢？

脑机接口——第三层大脑

让我们用一句话总结脑机接口：我们的大脑是被关在笼子里的，它应该出来！

也许你会觉得这个说法惊世骇俗，别急，继续往下看。

我们都知道大脑是人体的“司令部”，神经系统则是“传令官”：眼睛、耳朵、鼻子、舌头、四肢、皮肤等器官接收到的信息，转化为一串串电信号，通过神经系统传达到大脑皮层。这些电信号被大脑皮层分区处理后，产生了感知、思考，以及对身体其他部分的控制反射。

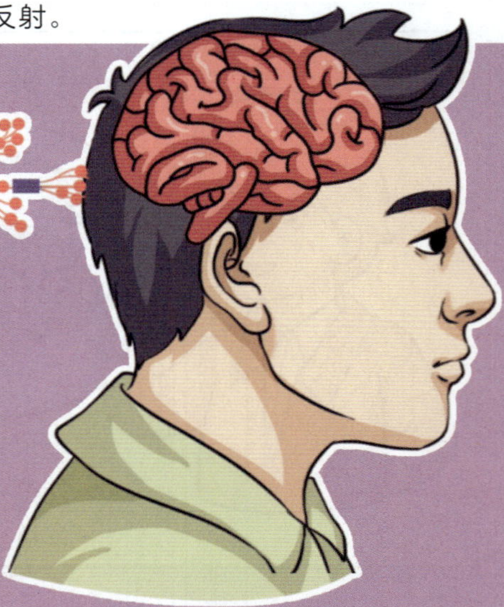

那么，假如有一块电极，一端直接接触大脑皮层，能够采集大脑的电信号；另一端则连接着解码电信号的特殊芯片与外部设备，不就意味着我们可以直接用意念和大脑控制外部机械设备了吗？

同时，这块电极也会接收外部设备输入的电、磁、声、光刺激，从而调控大脑活动。即使空无一物，大脑也会在这样的刺激下，让你觉得自己“摸”到了苹果光滑的外皮，“闻”到了苹果的香气，“尝”了到苹果的香甜。

脑机接口相当于覆盖在大脑皮层之上的第三层大脑。借助它，大脑能够与外部设备交互。

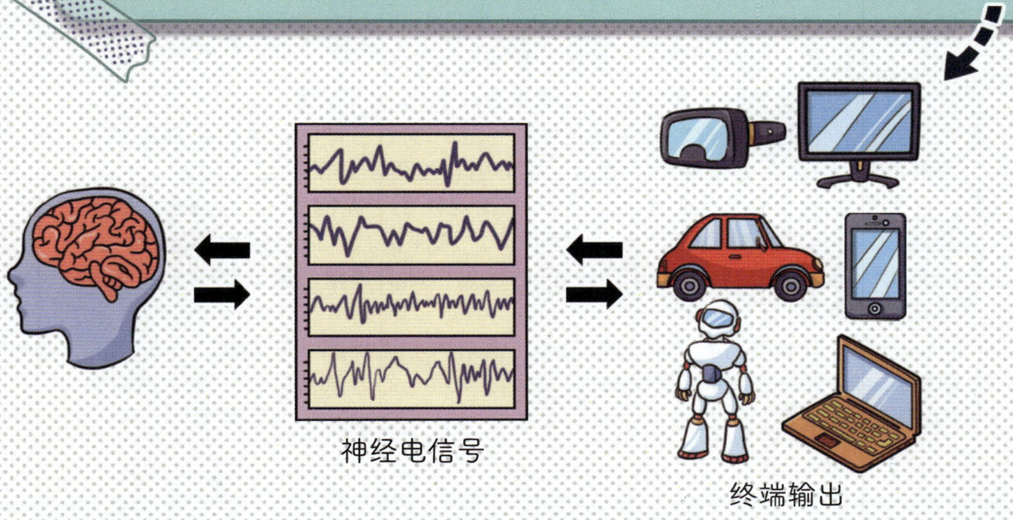

也许你还是不大相信，毕竟人类大脑皮层的褶皱是哺乳动物中最复杂的，上面的神经元有上千亿个，每分每秒产生的电信号不可计数。破解复杂的脑电信号，明明是不可能完成的任务嘛！但是别忘了，5G 通信出现了，人工智能出现了，万物互联出现了，这些技术正是为解码信息、传递信息而生的。

比如，有一种人工智能算法，叫作“大数据关联算法”。不论大脑神经元怎么运行，只要在某种精神状态下，脑内出现了频率和波长特别的脑电信号，我们就把它们简单地关联对应起来，应用这种算法总结、提取信息。也就是说，不知道这些脑电信号出现的深层原因，我们也可以用算法模拟脑电信号。

脑机接口技术本身就是超级跨界的组合科技，除了上述的计算机科学，还囊括了脑科学、神经科学、材料科学等学科的珍贵研究成果。所以在现代，脑机接口公司纷纷立志将自己打造成“全能战士”。

脑机接口，还能改变我们的精神？

我们都知道，抑郁症是一种疾病，常规治疗方法是心理治疗和药物治疗。但是有一位勇敢的抑郁症患者决定接受外科手术，为自己植入脑机接口来治疗抑郁症。

电极成功植入后，医生开始调整靶点、电压，电流因此对大脑神经产生不同程度的刺激。这位患者曾向他人形容那种神奇的感觉：仅仅因为医生对参数的小小改变，他就时而感觉如中彩票，欣喜若狂；时而感觉被爱意包裹，人生圆满；时而感觉被人背叛，怒从心头起……

这样的极致体验，使他心中的阴霾在短期内一扫而空。

再举一个例子：曾经有位女记者参与了一次射击体验，她的射击准确率只有 6%，但戴上脑机接口头盔后，她的射击准确率居然高达 100%。

为什么戴上脑机接口头盔，女记者就变成了“神枪手”？因为这个设备会让她进入一种特殊状态——心流状态。这种状态，你可能也体验过：你会觉得大脑一片安静，意识不到时间的流逝，却又异常清醒，无论是正在算题还是打游戏。

心流状态非常有利于学习和工作，但进入心流状态并不容易。不过在脑机接口的帮助下，我们可以暂时削弱大脑皮层上的显意识区，加强潜意识区的发挥。而潜意识正是进入心流状态的关键，也是创造力的主要来源。

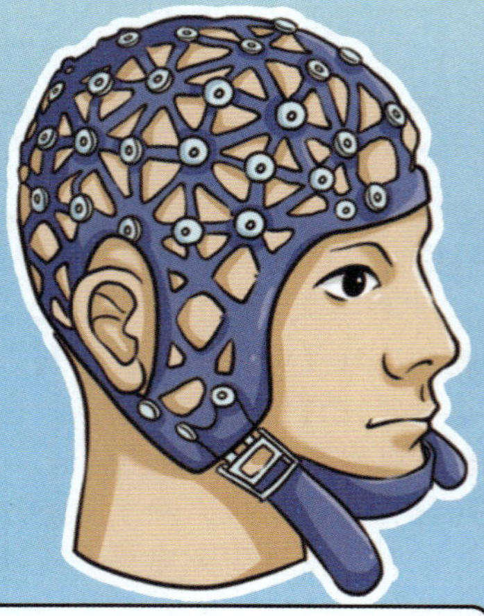

用以治疗抑郁症的脑电帽

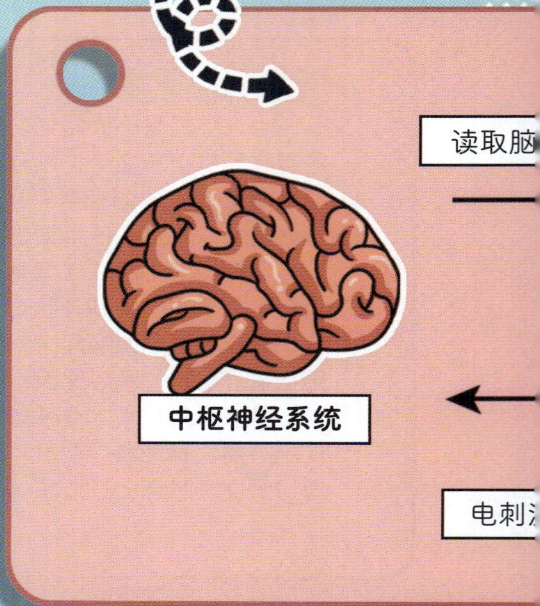

脑机接口的两大分类

科学家们发明了两种不同的脑机接口：非侵入式脑机接口与侵入式脑机接口。

非侵入式脑机接口用起来很简单，你很可能已经在生活中接触过了，最常见的一种就是医院的脑电图。做脑电图的时候，你会戴上一个布满电极的帽子，电极采集的信号会传导给一台机器，分析你的脑电波。

而侵入式脑机接口比较复杂，想使用它，需要进行开颅手术，把一部分装置贴在大脑皮层上。现在很多实验室使用的都是一种叫作“犹他阵列电极”的侵入式脑机接口。这种设备能在不到一元钱硬币大小的金属材料上排布 100 根像针一样的电极，采集大脑数百个神经元的活动。

如果把我们的大脑比喻成宇宙，非侵入式脑机接口就相当于科学家在地球上对星系进行远距离观测；而侵入式脑机接口就像发射宇宙飞船登陆火星、月球，然后带回珍贵的数据。

侵入式脑机接口的系统构成

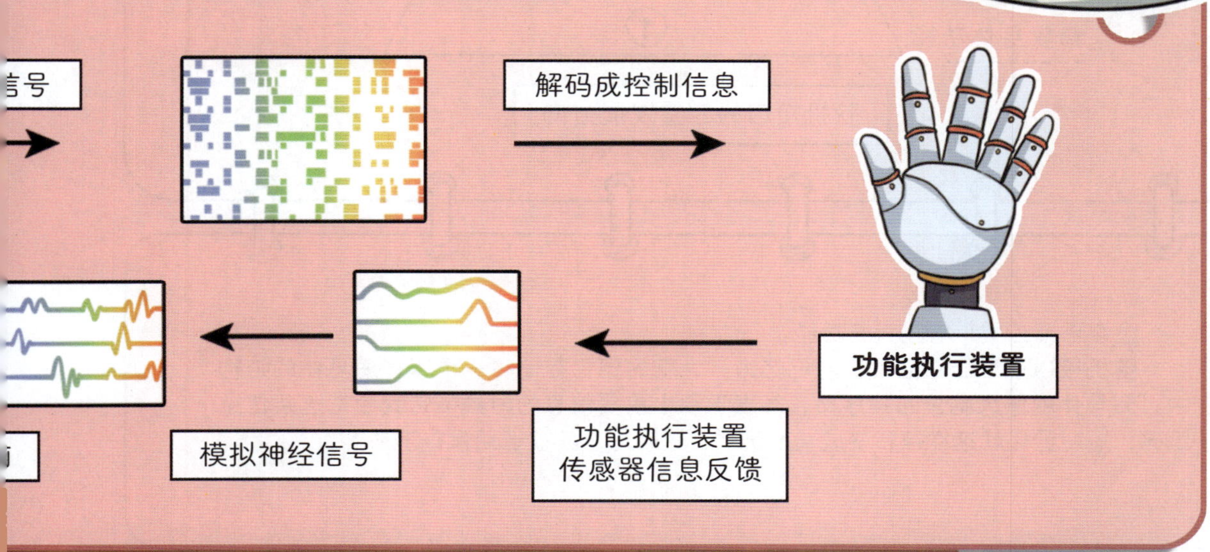

脑机接口确实很酷，在现实生活中，它能让瘫痪的人重新行走，能让抑郁的人重新获得快乐。在 Web3.0 世界里，它也能让我们的大脑摆脱躯体的限制，得到真正的自由。然而，故事还远未结束……

记忆上传与意识之海

脑机接口能够破解人类的进化密码。如果用金字塔来表示它的发展方向，那么前文提到的对我们身体的修复作用、对精神的改善作用，仅属于下面两层基筑。越往上攀爬这座金字塔，你越能了解，脑机接口将会给我们带来怎样的奇迹：

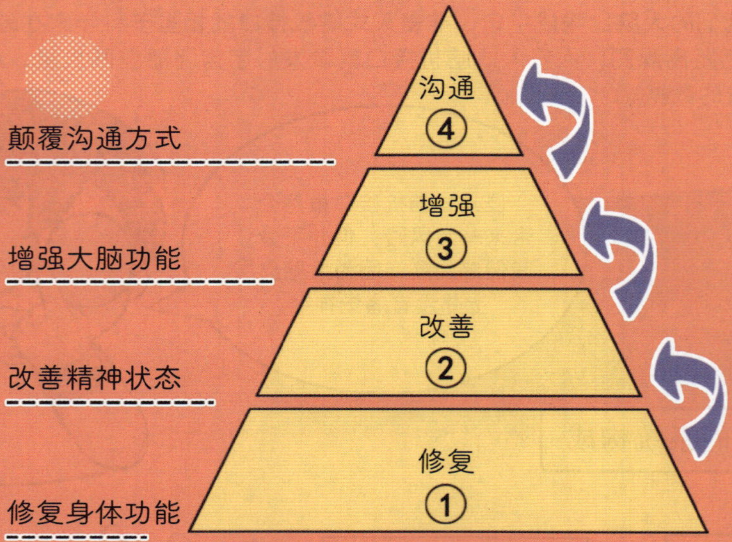

脑机接口的四重发展方向

金字塔第三层：增强大脑功能。

脑机接口还可以增强我们的记忆力。大脑的记忆存储在一个叫作海马体的结构中。海马体就像大脑里的程序员，每当识别出重要信息的时候，它就会把这条信息编码，短期记忆就这样被转变成长期记忆，这条信息就被长期保存下来了。

研究出海马体的工作方式后，科学家用数学模型模拟了一款能够替代海马体的记忆芯片。科学家把这块芯片植入一只猴子的大脑，训练这只猴子在 30 秒内按到正确的按钮，然后把芯片复制到另一只猴子脑内。

你猜怎么着？第二只猴子不需要任何训练就知道怎么操作按钮。也就是说，脑机接口技术就像哆啦 A 梦的记忆面包一样，使得记忆能够转存、共享。第一只猴子上传了记忆，第二只猴子则共享了这段记忆！

目前，科学家也以人类为实验对象进行了这项记忆移植实验，移植成功率已接近 80%。

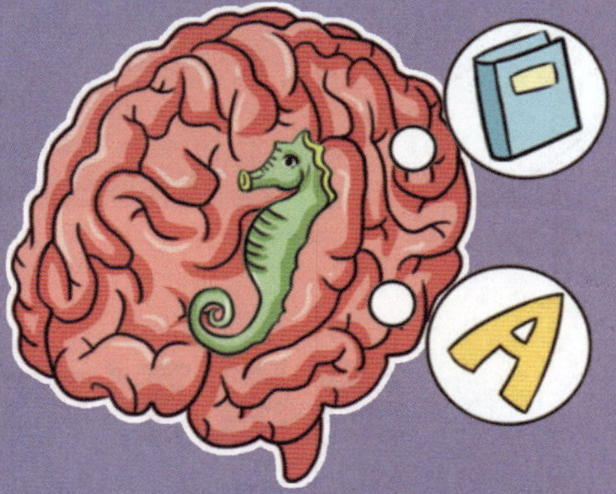

现在，我们再把目光转向金字塔的第四层：颠覆沟通方式。

脑机接口实现记忆共享后，必然会向另一个方向发展，那就是改变沟通方式。沟通的双方又是谁呢？是大脑与互联网、大脑与物、大脑与大脑。

大胆想象一下，当以上三种沟通都畅通无阻时，会发生什么事？

到那个时候，你不用动一根手指，只需动用一个小小的念头，就能看到喜欢的动画片、吃到喜欢的零食。如果你想找人分享你的喜悦，也仅需一个小念头，你最好的朋友就能知悉一切。

当大脑与机器、计算机连接成一个网络，我们的大脑就会得到无与伦比的升级，实现人机一体。

终极形态的数字世界：人机一体

现在，是时候让你知道实现人机一体的Web3.0世界是什么模样了：在这里，人类、机器、计算机之间不再存在明显的隔阂，你可以通过连接机器和计算机远程参加乐队演出、去看望远方的朋友、去侏罗纪森林被迅猛龙（伶盗龙）追逐、去外太空漫游……你可以不断提高自己的能力，也可以不停地拓展思想的边界，直至拥有绝对智慧，最终一念生，万物生。

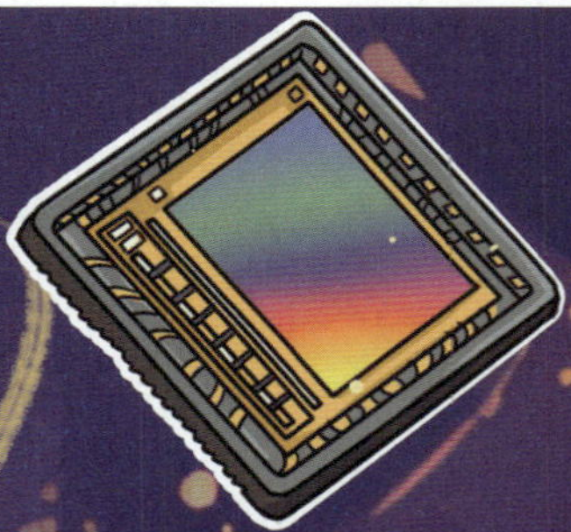

CPU

亲爱的小诺，

没错，这是一本讲解“硬科技”的笔记。

什么是硬科技呢？

举个例子，中国古代的四大发明就是硬科技，硬科技指的是对整个世界局势产生根本而深刻的影响，改变了人类历史文明进程的科技。

而我们现在正处于科技大爆发的前夜，现代硬科技，比如移动通信、人工智能、集成电路、量子信息、脑科学与类脑研究、基因与技术……每一个都有成为现代“四大发明”的潜力，能够再次点燃世界、点燃你的梦想。

然而，未来远不止于此。文明的跃迁，依赖的往往并非单一创造，而是组合与融合。这些硬科技注定会协同创造出一个全新的世界——Web3.0 数字世界。

在我们人类过往的历史上，有过两次伟大的认知觉醒，分别是哥白尼提出日心说和达尔文提出进化论，它们分别颠覆了地心说和神创论。而第三次认知觉醒，也许就是认识 Web3.0 世界——当它真正来临时，物质与意识、时间与空间将被重新定义，新人类也将诞生。

爷爷等不及了，选择先一步出发，去亲眼看看那个世界，参与到那个世界中去。等你下次看到我时，也许能立刻明白，Web3.0 给我带来了多么巨大的改变。

爷爷相信，当你带着这本笔记走过漫漫旅程后，你会坦然地张开双臂，直面呼啸而至的未来。

图书在版编目（CIP）数据

爷爷的笔记本 / 张立波，武延军，赵琛著；郑颖芝绘 . -- 北京：北京联合出版公司，2025. 5. --（出发吧！小诺的 AI 大冒险）. -- ISBN 978-7-5596-8355-7

Ⅰ . TP3-49

中国国家版本馆 CIP 数据核字第 2025C7X806 号

爷爷的笔记本

著　　者：张立波　武延军　赵　琛
绘　　者：郑颖芝
出 品 人：赵红仕
选题策划：后浪出版公司
出版统筹：吴兴元
编辑统筹：郝明慧
特约编辑：潘　萌
责任编辑：杨　青
营销推广：ONEBOOK
装帧设计：墨白空间 · 黄海

北京联合出版公司出版
（北京市西城区德外大街 83 号楼 9 层　100088）
北京盛通印刷股份有限公司印刷　新华书店经销
字数 14 千字　787 毫米 ×1092 毫米　1/16　37.75 印张
2025 年 5 月第 1 版　2025 年 5 月第 1 次印刷
ISBN 978-7-5596-8355-7
印数：1-10000 册
定价：99.00 元（全 5 册）
